JN197705

知ってる人だけが得をする！

太陽光発電投資

決定版！　ローリスクの堅実投資術

菅原秀則

合同フォレスト

はじめに

いくら探しても見つからなかった太陽光発電投資の教科書

２０１４年４月。過去に不動産物件に問い合わせたことが縁で、不動産業者から太陽光発電所の投資案件が流れてきました。当時は太陽光発電投資の存在があまり知られておらず、不動産業者も「太陽光？　こんなもの買う人いるのかね？」という認識で、とりあえず情報を流してくれた程度のものでした。それが50ｋＷの規模の土地付き（野立て）の太陽光発電所でした。

２０１２年7月に開始してから間もない、固定価格買取制度（ＦＩＴ〔Feed-in Tariff〕制度）の下で企画された案件であり、表面利回りは12％ありました。固定価格買取制度とは、再生可能エネルギーで発電した電気を、電力会社が一定価格で一定期間買い取ることを国が約束する制度のことです（資源エネルギー庁「再生可能エネルギー固定価格買取制度ガイドブック」参照）。

ただ、当時の私には何も知識がなく12％という数字を見ても、よいのか悪いのか判断できませんでした。資料を見る限り、「かなりよい投資案件なのかも？」という印象を受けましたが、どうやって検証したらいいのかさっぱりわかりません。

まずは、インターネットで太陽光発電所投資について検索。ブログや書籍などを探してみましたが、適当なものがほとんど見つかりません。正直なところ、かなり困りました。周囲にも、太陽光発電所へ投資している人なんていませんでしたし、そもそも一人で投資活動を始めたばかりで、投資家の知り合いもいない時期でした。

1週間ほど費やして、売電収入の計算方法や支出の内訳などを、仕事の合間にインターネットでひたすら調べていきました。その結果、投資額に対するキャッシュフローが非常によいと判断し、取得に向けて動くことにしました。

ただし、この時点では、設備にかかる税金である「償却資産税」の存在を知りませんでした。当然、キャッシュフローは償却資産税の分だけ少なくなります。償却資産税は年間10～20万円単位でかかってくる、大きな費用項目です。ほかにも、太陽光発電設備を構成するパワーコンディショナーの電気代など、見落としていた費用項目がいくつもありました。今でこそ、すべての費用項目を把握し、それらを踏まえて投資判断を行うことができるようになりましたが、当時は不完全な情報から判断せざるをえませんでした。

結局のところ、最初に紹介された案件は、うまく資金を調達することができず流れてしまいましたが、その後、別の太陽光発電所と縁があって購入に至ることができました。様々な業者から複数の案件情報をもらう中で、業者が用意してくれたシミュレーション内容を組み合わせ、少しずつ必要経費を洗い出し、手探りで太陽光発電投資の全貌を把握していったのです。

私の場合、運よく致命的な失敗をしてしまうことは回避できましたが、情報不足のため、なかには毎月赤字になってしまうような太陽光発電所を購入してしまった人もいるようです。特に、業者から何も説明がなく、償却資産税の存在など、大きな費用項目を知らないまま購入してしまうと、想定外の収支になってしまうことでしょう。

私の投資成績としては、2014年に出会ってから、コツコツと拡大し、合計9基、太陽光パネル約500kWの規模（メガソーラーの半分ほど）で、売電収入が年1850万円ほど、キャッシュフロー（融資返済、固都税、償却資産税、電気代などの差し引き後、所得税／法人税の支払い前のキャッシュフロー）が年500万円ほどとなっています。

自分が情報不足で苦労した体験から、太陽光発電投資を行う上で必要十分な知識をまとめ、当時いくら探しても見つからなかった「太陽光発電投資の教科書」を作りたいという思いで本書を書き上げました。一人でも多くの人が失敗を回避し、より正確な投資判断を行うことができるよう、太陽光発電投資を開始する前に、ぜひ本書を手に取っていただけると幸いです。

2019年7月

菅原　秀則

目次

第2章 太陽光発電投資の理解に必要な基礎知識

第3章　これだけは押さえておきたい！　失敗を回避する投資判断手法

第5章 管理・メンテナンスの重要性

第6章 太陽光発電投資の魅力の一つ！ 消費税還付

第1章 堅実な人にこそ向いている！　太陽光発電投資の魅力

太陽光発電は堅実で再現性が高い安定投資

空室ゼロ！　必ず収入がある堅実で安定した投資（太陽の光さえあれば収入が得られる）

太陽光発電投資は、事前に計算した通りの売電収入を得ることができる堅実な投資です。アパートを経営している大家さんの中には、空室に悩まされている人もいます。なかなか入居者が見つからず、家賃収入を得ることができない状態が続けば、当初想定した家賃が入ってきません。気が付けば、収支がトントンか、下手をするとマイナスになってしまうこともあるでしょう。

しかし、太陽光発電投資の場合は、「空室リスクがゼロ」なのです。太陽さえ顔を出せば発電し、電力会社に売電することができます。アパート経営と違って、収入がゼロになることがないため、堅実で安定した投資を行うことができるのです。

隣の土地に太陽光発電所が設置されても売電収入が減ることはない

また、アパート経営の場合、近所に新築アパートが乱立することで供給過剰となり、入居者を見つけることが急に苦しくなってしまうというリスクがあります。競合の増加という周辺環境の変化によって、大きな影響を受けてしまいます。

一方、太陽光発電は、周辺環境の変化に影響を受けにくい投資です。隣地に別の太陽光発電所が建設されたとしても、ほとんど影響を受けません。太陽は、自分の発電所も隣地の発電所も、平等に照らしてくれるからです。周囲に太陽光発電所が増えても、自分の売電収入が減ることはないのです。隣地の発電所は、競合ではなく仲間です。

この観点からも、太陽光発電投資が堅実で安定した投資であることがわかると思います。需要と供給の変化の影響をほとんど受けることがないのは、大きな魅力の一つです。

高い再現性——誰でも同じような成果を得ることができる

アパート経営の場合、収益性は立地に左右されます。AさんのアパートとBさんのアパートとでは、たとえ造りがまったく同じであっても、場所が違うだけで収支に差が出てきます。まったく同じ不動産は存在しないのです。

しかし、太陽光発電投資にはアパートよりも高い再現性があります。誰がどこで投資しても、想定通りの売電収入を得ることができます。それはすべて、太陽という大きなエネルギーのおかげです。「こんなはずじゃなかった」という事態が起こりにくい投資です。

2 太陽光発電投資はライバル不在のブルーオーシャン

不動産投資と比べて参入者が少ない

太陽光発電投資はライバル不在のブルーオーシャン投資です。不動産投資をする人と比べて、太陽光発電投資をする人の数が圧倒的に少なく、競合が少ないからです。ちまたには多くの不動産投資書籍があふれているのに対して、太陽光発電投資の書籍がほとんど見当たらないことからも、このことを肌で感じとってもらえると思います。

それもそのはず。太陽光発電投資の存在が世間に広く知られ始めたのは、2012年に再生可能エネルギーの固定価格買取制度（FIT制度）がスタートしてからです。制度開始から、それほど経っていないのです。

もちろん、2012年よりも前から太陽光発電事業は存在していました。しかし、世間に広く知られてからの歴史は浅く、古くから知られている不動産投資の投資人口と比べると、参入者が少ないのが現状なのです。投資人口が少ないことは、競争が激しくないことを意味します。ライバルが少ない中、太陽光発電投資の魅力に気が付き、着実に規模を拡大している投資家・事業家がいます。

融資先を開拓できれば大きく拡大できる可能性を秘めている

太陽光発電投資へ融資してくれる代表的な金融機関に、信販会社（アプラス、ジャックス、イオンプロダクトファイナンス、オリエントコーポレーションなど）があります。信販会社は、ソーラーローンという融資商品を用意しており、太陽光発電投資を検討する場合、必ずと言ってよいほど、これら信販会社の名前を耳にすることになるかと思います。

信販会社から、一般的に1～3基ほどの太陽光発電所に融資を受けた後は、それ以上の融資を受けることが難しくなってきます。しかし、銀行、信用金庫、信用組合、日本政策金融公庫など、融資をしてくれる金融機関をほかに開拓できれば、着実に規模を拡大していける可能性を秘めています。

なかには個人レベルで、メガソーラー（1メガ）の規模か、それ以上（2～5メガ）の規模まで拡大している猛者も存在しています。売電単価にもよりますが、メガソーラーを超える規模になれば、数千万～1億円程度の売電収入が期待できます。夢が膨らみます。

なお、個人レベルで購入することが多い低圧（出力50ｋＷ未満）の太陽光発電所の数え方は様々です。1基、2基という数え方もあれば、1区画、2区画という数え方もします。1号機、2号機と言っている人もいます。ただ、区画は、昔の名残です。売電価格が40円／ｋＷ、36円／ｋＷの時代は、大きな一つの土地に50ｋＷクラスの低圧発電所をいくつも設置し、複数の区画に分けて販売する低圧分譲（低圧分割）が行われていました。その当時の発電所を購入した人は1区画、2区画という数え方をしていました。

しかし、今では低圧分譲は禁止されていますので、区画分けされた発電所は販売されなくなっています。本書では1基、2基という数え方としています。

売電単価とは、発電量1ｋＷｈ（キロワットアワー）あたりの買い取り価格です。つまり、発電事業者が発電した電気を電力会社に売るときの単価です。例えば、1か月に1000ｋＷｈの発電量が得られた場合、売電単価が40円／ｋＷｈであれば、発電した電気を税抜4万（＝40×1000）円、消費税10％なら税込4万4000円で電力会社に買い取ってもらえることになります。

3 太陽光発電投資はこんな収益モデル

最初から大きく儲かる投資ではない。返済終了後のボーナス期間を楽しみに

太陽光発電投資は、残念ながら最初から大きく儲かる投資ではありません。不動産投資のように格安で仕入れた全空アパートを再生して、大きな売却益を得るようなことはまずできません。新築アパートの収益性に近いイメージでしょうか。

太陽光発電投資の収益モデルは、一般的な事例（太陽光発電所1基の総額が2000万円、金利2・5％、融資期間15年、固定価格買取期間20年、設備は全額融資）の場合、返済期間中（1～15年）は毎年30～50万円ほどのキャッシュフロー（所得税・法人税の税引き前）が得られます。

そして、返済完了後（16～20年）は毎年200万円弱のキャッシュフローが得られます。

収支の詳細は後述しますが、返済期間中はそれほど大きく儲かるわけではありません。

返済期間が過ぎた後に、キャッシュフローが大きく増えるボーナス期間が待っています。このボーナス期間を楽しみに行う投資ともいえます。あるいは、ある程度返済が進めば、返済期間中に売却することで、それなりのキャピタルゲインを得ることもできるでしょう。

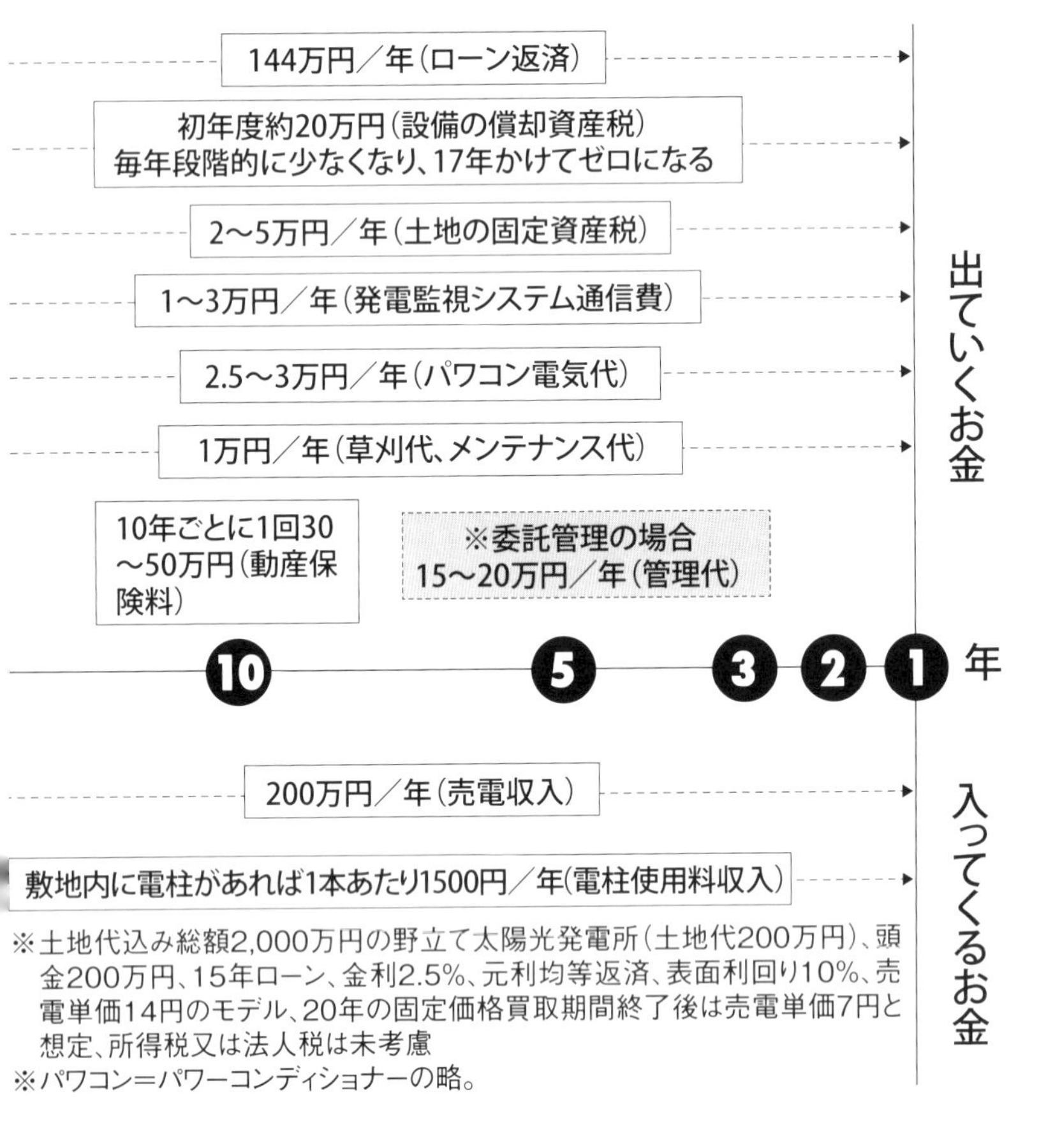

※土地代込み総額2,000万円の野立て太陽光発電所（土地代200万円）、頭金200万円、15年ローン、金利2.5%、元利均等返済、表面利回り10%、売電単価14円のモデル、20年の固定価格買取期間終了後は売電単価7円と想定、所得税又は法人税は未考慮

※パワコン＝パワーコンディショナーの略。

〈図1－1〉 キャッシュフローのモデル

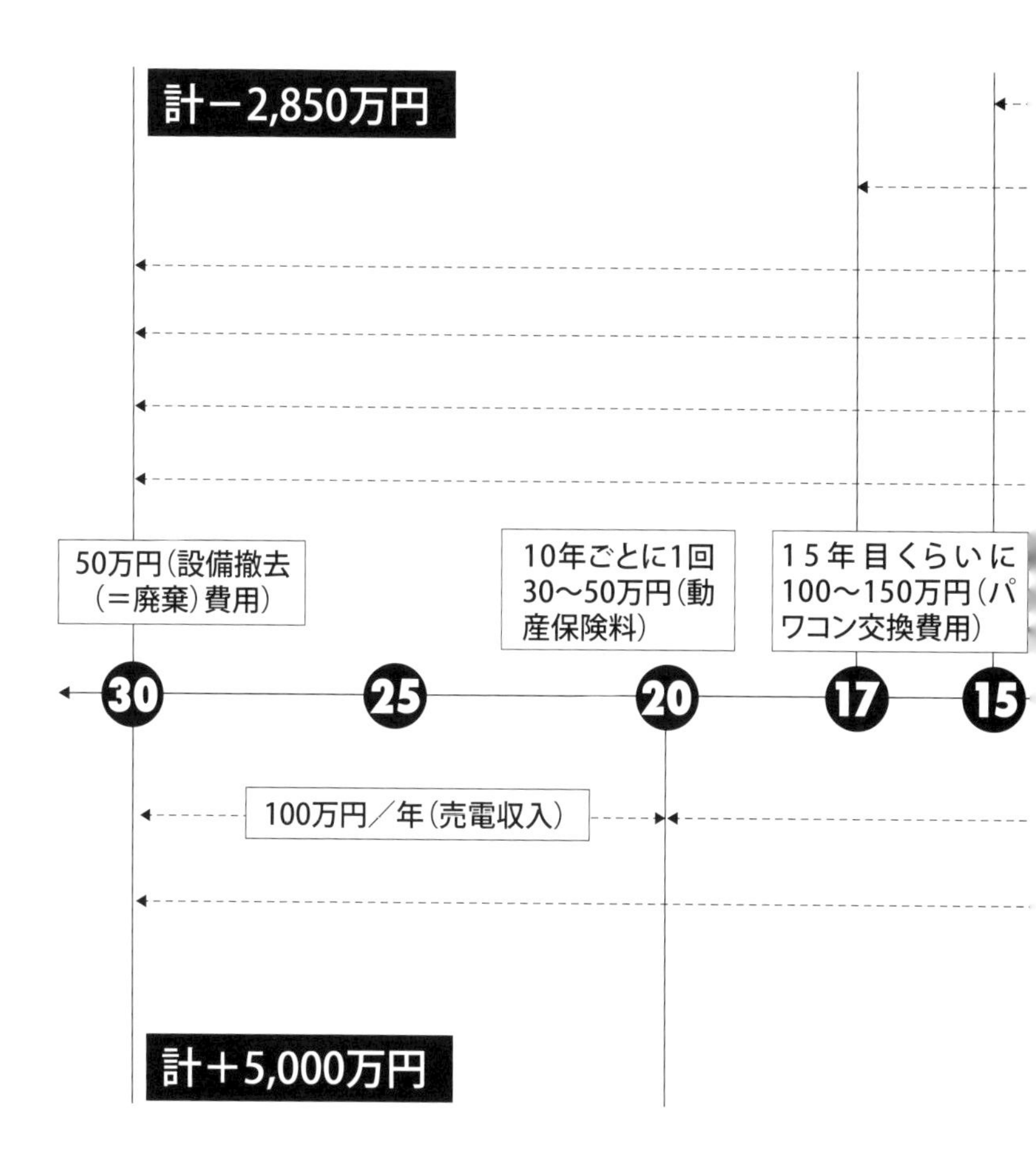

大きく儲かるわけではないとはいえ、こうした発電所を2～3基所有できれば、毎年100万円ほどのキャッシュフローが得られることになります。本業の年収をいきなり100万円もアップさせることは難しいですが、太陽光発電投資なら十分実現可能です。

図1－1はキャッシュフローのモデルです。ごく一般的な事例を想定したものですが、投資開始から30年間の収支はこのようなイメージです。ご参考までにご覧ください。

4 売電単価が下がった今が狙い目な理由

売電単価の変遷

固定価格買取制度が始まった2012年度の当初、産業用の太陽光発電所（全量買取）の売電単価は40円（税抜）という高い単価でした。この売電単価は年々下がっており、2019年度の売電単価は14円（税抜）となっています（表1－1）。

こうした売電単価の低下や、太陽光施工業者の倒産といったニュースを目にした人達は、「太陽光バブルは終わった」「太陽光はもう駄目だ」と声高に叫んでいます。しかし、この認識は間違いです。実は、2012年当初も今も、利回りがほとんど変わっておらず、表面利回り10％程度がずっと維持されています。

確かに、施工業者（発電所の設置業者）の環境は厳しくなっています。投資家・事業家からは常に表面利回り10％程度の水準を期待されており、その表面利回りを維持するために、企業努力で提供価格を下げているためです。

しかし、投資家・事業家にとっては、ほとんど環境が変わっておらず、むしろ今がチャンスなのです。固定価格買取制度の導入前は、太陽光発電設備の調達コストは非常に高く、太陽光発電を普及させるためには調達コストを下げる必要がありました。

〈表1－1〉売電単価の推移

年度	売電単価（円／kWh）
2012年	40円
2013年	36円
2014年	32円
2015年	29円、27円
2016年	24円
2017年	21円
2018年	18円
2019年	14円
2020年	?

メーカーの企業努力によって、太陽光パネルやパワーコンディショナーといった発電設備の価格が少しずつ下がるにつれて、国が毎年、売電単価を下げてきたという背景があります。いや、実際のところは、下げられた売電単価でも回るように市場が努力して必死に

価格を下げてきたと言ったほうが正しいのかもしれません。

２０１２年度の発電所であれば、売電単価40円の固定単価で、20年間電力会社に売電することができます。一方、２０１９年度の発電所であれば、売電単価14円の固定単価で、20年間電力会社に売電することになります。途中で売電単価が変わることはありません。売電単価40円で認定を受けた太陽光発電所は40円のままですし、同じく売電単価14円で認定を受けた太陽光発電所は14円のままです。

基本的に上がることも下がることもありません。それが固定価格買取制度なのです。表面利回り約10％以上を期待した投資を行うことができるので、今も昔も同じような収入を得ることができます。

なお、固定価格買取制度の下では、20年経過後は電力会社に買い取りの義務はなくなります。電力会社と発電事業者（太陽光発電に投資した投資家など）が、個別に改めて契約して売電することになるものと思われます。20年の期間経過後も売電を継続したい場合、買い取り義務のなくなった電力会社からは低い売電単価での契約を迫られるかもしれません。

将来の売電単価がいくらになるのかは、今の時点では想像もつきませんが、５～10円くらいになるかもしれませんし、もっと低い単価になる可能性もあります。

その一方、固定価格買取制度の終了後に、電力会社よりも高い売電単価で買い取ってくれる企業が出てくる可能性も十分に考えられます。自宅で使用することを前提とし、余った分を売電する住宅用の太陽光発電（余剰買い取り）の分野では、すでに固定価格買取制度の終了（卒ＦＩＴ）を見据えて、そのような企業が現れ始めています。

将来、産業用の太陽光発電（全量買い取り）の分野でも、そうした企業が増えれば、卒ＦＩＴ後に、電力会社よりも高い単価で売電を継続できる可能性もあります。

売電単価が低い太陽光発電所のほうが長期的に考えると有利

将来の売電単価がどうなるかは不透明ですが、ここでは、20年の期間経過後の売電単価が7円になった場合を想定して、20年経過後の違いについて考えてみます。

その場合、売電単価40円の発電所では、収入は2割弱に落ち込みます。一方、売電単価14円の発電所では、2分の1の落ち込みで済むことになります。このように、売電単価が低下した今から太陽光発電投資を開始したほうが、20年経過後の落ち込みを少なくすることができます。そのため、売電単価40円の発電所よりも、売電単価14円の発電所のほうが、21年目以降の収入が多くなるというメリットがあります。

例えば、表面利回り10％、総額2000万円の太陽光発電所を、売電単価40円で購入した場合と、売電単価14円で購入した場合とで比較してみます。それぞれの発電所について、おおよそ以下のような条件を想定します。

太陽光発電所1：売電単価40円（税抜）、太陽光パネル容量40kW、パワコン容量38・5kW（5・5kWのパワコン×7台）、表面利回り10％、総額2000万円、年間の売電収入約200万円

太陽光発電所2：売電単価14円（税抜）、太陽光パネル容量100kW超、パワコン容量49・5kW（5・5kWのパワコン×9台）、表面利回り10％、総額2000万円、年間の売電収入約200万円

太陽光発電所1は、売電単価は高いものの、太陽光パネル容量が40kWと規模は小さく年間発電量は少ない発電所です。一方、太陽光発電所2は、売電単価は低いものの、太陽光パネル容量100kW超と、規模が大きく年間発電量が多い発電所です。どちらの太陽光発電所も、表面利回り10％なので年間の売電収入は200万円になることを想定してい

ます。ちなみに、簡単化のため太陽光パネル容量１００ｋＷ超と記載しましたが、14円で売電収入が２００万円に届くには、日射量条件にもよりますが１３０ｋＷ程度は必要になると思われます。

そして、売電単価40円の発電所も、売電単価14円の発電所も、20年経過後に売電単価が７円に下がるとします。そして、21～30年目まで運営を続けるものとします。

７円と仮定したのは計算の簡単化のためです。実際に売電単価７円で売電できるかはわかりません。根拠はありませんが、先ほども述べたように、私は５～10円の間になるのではないかと勝手に推測しています。

売電単価40円の太陽光発電所１の収入

まず、売電単価40円の太陽光発電所の場合、１～20年目までは、毎年２００万円の売電収入があります。つまり、20年間で４０００万円の売電収入です（ローン返済、太陽光パネルの経年劣化による売電収入の減少、経費などは無視した額面の収入です）。そして、21年目以降は、売電単価７円になったと仮定すると、売電単価40円のときの２割弱の収入、つまり毎年35万円の収入にダウンします。売電収入は「売電単価 × 年間発電量」で求められます。年間発電量は発電所の規模で決まるものであるため、21年目以降も変わりません。売電単価が下がった分だけ売電収入が減少することになります。この35万円の収入が21～30年の10年間続くと仮定すると、21～30年目で合計350万円の収入が得られることになります。すると、30年間で、4000万円＋350万円の合計4350万円の収入となります。

売電単価14円の太陽光発電所2の収入

これに対して、売電単価14円の太陽光発電所の場合、1～20年目までは、同様に毎年200万円の売電収入があります。つまり、20年間で4000万円の売電収入です。そして、21年目以降は、同じく売電単価7円になったと仮定すると、売電単価14円のときの2分の1の収入、つまり毎年約100万円の収入にダウンします。100万円の収入が21～30年の10年間続くと仮定すると、21～30年目で合計1000万円の収入が得られることになります。すると、30年間で、4000万円＋1000万円の合計5000万円の収入となります。

両者を比べてみると差は明らかです。1～20年目まではどちらも4000万円の額面収入となり、両者に違いはありませんが、21～30年の10年間で、売電単価が低い14円の太陽光発電所のほうが650万円（＝1000万円－350万円）も多くの収入を得ることができるのです。これが、売電単価が下がった今が狙い目である理由です。

「太陽光はもはや終わった」という世間の声は、実は投資家の視点からは間違いなのです。売電単価が下がった今だからこそ、将来的に大きな収入を手にできる可能性があり、今始めるべきなのです。

固定価格買取制度は、いつまで続くかわかりません。実際、制度終了に向けた話し合いが始まったようです。20年間にわたって国から収入が保証されているようなものなのですから、いかにすごい制度なのかがおわかりいただけるのではないでしょうか。この制度を活用しない手はありません。

収入保証というと不動産投資でいうサブリースに似ていますが、違うのは、一方的に契約を解除されるリスクが非常に小さい点です。売電単価14円の発電所であれば、20年間ずっと14円の単価で売電できるのです。国が関わっているので、民間のサブリース会社と比較すると、はるかに信頼性が高い投資です。

太陽光発電投資を行うのであれば、将来の収入を安定して計算できる固定価格買取制度の下で行うべきなのは間違いありません。現在の低い売電単価の下で、好条件の案件に投資できれば、有利な投資を実現することができるでしょう。

5 太陽光発電投資に向いているのはこんな人

失敗は嫌！　堅実で安定した投資をしたい人

太陽光発電投資は、コツコツと安定的にキャッシュフローを積み上げたい人に向いている投資です。一発逆転を狙うような人には向いていません。安定志向の人は、予想外を嫌います。私はかなり安定志向の人間です。アパートで空室が出ると、身を切られるかのような感覚になります（笑）。もちろん空室リスクを考慮した上で不動産を購入しているわけですが、それでも、ある程度の頻度で突然発生してしまう退去の連絡が嫌で仕方がありません。

自分のような安定志向の人にとっては、毎月、ほぼ計算通りに進む堅実な投資が理想です。それを実現してくれるのが太陽光発電投資なのです。

土地を持て余している人――〝負〟動産だった田舎の土地がお金を生む？

また、太陽光発電投資をすべき人もいます。それは、土地を持て余している人です。地方の地主さんのなかには、固定資産税だけ支払っており、管理するのがきつく感じている土地、いわゆる「〝負〟動産」を所有している人がいます。

このような、土地を持て余している人は、太陽光発電投資をするべきです。固定資産税の支払い分をまかなって、キャッシュフローを残すことができるようになります。雑草が伸び放題だった土地もきれいになります。これまで〝負〟動産だった土地がお金を生んでくれる金の卵に変わるのです。

アパートの建築が難しいような土地にも、活用の道が開けることになります。太陽光発電以外の方法では、持て余している土地を資産に変えることは難しいかもしれません。このような土地を所有している地主さんにこそ、太陽光発電投資をおすすめします。

一般的には、おおよそ70～500坪（1坪＝約3・3㎡）ほどの土地があれば、太陽光パネルの容量が20～100kWの規模の太陽光発電所を設置することができます。太陽光発電にはちょっと狭いかなと思うような土地でも、設置できる可能性は十分にあります。

すでにアパートやマンションを所有している人

すでに不動産を所有している人も、太陽光発電投資を検討すべきです。アパートの屋根に太陽光パネルを載せて売電することができます。特に、広い屋根のアパートを所有している人は、多くの太陽光パネルを載せることができるので、土地付き（野立て）太陽光発電所へ投資するのとあまり変わりません。土地代がかからないわけですから、さらに高い利回りが期待できます。

相続対策を考えている人

相続対策を目的として発電所を購入している人達もいます。太陽光発電設備は法定耐用年数17年です。つまり、17年で償却が終わると設備の帳簿上の価値（簿価）はゼロになり、土地の価値だけになります。

事業用資産の場合、相続税は簿価を基準に決まってきますので、年間で200万円ほどの売電収入をもたらしてくれる発電所にもかかわらず、相続税は少なくすることができます。遠い将来の相続を見据えて、今のうちから何基も太陽光発電所を所有している投資家もいるようです。

償却目的の経営者

本業で大きな利益が出ており、利益を圧縮するために減価償却費を多く計上したい経営者にも、太陽光発電が適しています。制度は常に変化していますが、タイミングが合えば即時償却（一括償却）することも可能です。すでに終了したグリーン投資減税では即時償却が可能でしたし、生産性向上設備投資促進税制でも50％の償却が可能でした。

今は中小企業経営強化税制を活用することで即時償却（一括償却）の可能性があります。２０２０年度末まで適用が延長されています。制度の名称や内容は多少変わりますが、中小企業経営強化税制が終了したとしても、それに代わる新たな税制が作られていくのではないかと思います。利益が出ている法人の経営者にもおすすめの投資です。

土地賃貸と土地所有権　どちらを選ぶべき？

20年で辞めるつもり・土地の売却が見込めないなら土地賃貸

固定価格買取制度の下では、全量売電の場合は、電力会社に対して20年間にわたって継続して売電することができます。20年経過後は、電力会社に買い取り義務はなくなります。おそらく、今よりも低い売電単価になるものの売電を継続することができる可能性はありますが、どうなるのかは不明です。

20年で売電自体を止めて引き上げるつもりであれば、土地は賃貸で取得してもよいと思います。また、紹介された土地が、20〜30年経過後に、売却できそうもない土地であれば、最初から賃貸で検討するのもよいと思います。

30年運営するなら土地所有権

一方、21年目からも売電を継続するつもりであれば、土地は所有権で取得したほうがよいと思います。21年目以降は、電力会社の買い取り義務はなくなります。しかし、21年目以降、まったく売電できなくなることは再生可能エネルギーの普及目的に反しますので、価格は下がるものの売電自体は継続できるものと思われます。

また、固定価格買取制度の終了、いわゆる卒FITを見据えて、電力の買い取りに参入してくる民間業者も出てくるでしょう。事実、2019年の住宅用太陽光発電のFIT終了（10kW）未満の住宅用は買取期間が10年であるため、2009年に開始した最初の買い取りが2019年に終了します）を見据え、複数の民間業者が電力の買い取りに参入することを表明しています。

継続性のあるキャッシュフロー

太陽光発電投資は、アパート・マンション投資と比較すると、継続性のあるキャッシュフローが得られる堅実な投資法です。ここでいう継続性のあるキャッシュフローとは、安定的に売電収入が得られるというだけの意味にとどまりません。もちろん、よく言われるように太陽光発電投資にはアパート・マンション投資のように空室の概念がありません。

退去による原状回復、定期的な大規模修繕の必要もないので、安定的な収入が得られます。

しかし、さらに別の視点、減価償却の観点からも、太陽光発電投資は継続性のあるキャッシュフローが得られる投資だということができます。減価償却とは、高額で、長期にわたって利用できる建物・機械・備品などの固定資産の取得原価を、耐用年数にわたって少しずつ費用として計上する仕組みのことです。減価償却費は、その費用のことです。

減価償却費は、固定資産の資産価値が経年で下がった分を費用として計上するものなので、実際の現金が減るわけではありません。現金が減らないのに、費用として計上することができます。費用を計上できれば、利益が圧縮され、税金も少なくなりますのでキャッシュフローが増えます。

継続性のあるキャッシュフローという表現は、法定耐用年数（太陽光設備は17年）にわたってキャッシュフローが継続すること、つまり、太陽光発電所を保有し続けていても同じようなキャッシュフローが継続できることを意図したものです。

アパート・マンション投資では、資産の入れ替えなど、何らかの手当てをしない限り継続性のあるキャッシュフローは実現できません。そのカギとなるのが減価償却費のコントロールです。

例えば、法定耐用年数をオーバーした築古木造アパート、築古木造戸建などは、減価償却期間は原則4年です。最も極端な例ですが、こうしたアパート・戸建に長期の融資を組んだ場合、初期はキャッシュフローが潤沢ですが、減価償却期間が過ぎると一気に苦しくなっていきます。4年間、現金を減らさずに費用を計上できていたのが、5年目から費用計上できなくなり、利益が大きくなって税金が増大するからです。

減価償却費の早期計上は、未来の利益の先食いのようなものです。減価償却期間が過ぎた後に、高値で売却できれば成功ですが、売却できなければ（よほど高利回りでない限り）足を引っ張るお荷物となります。

そのため、アパート・マンション投資の場合、全額キャッシュで購入するような場合を除いて、売却、追加購入、繰り上げ返済などを通じて、デッドクロス回避のために減価償却費を上手にコントロールしていく必要があります。

一方、太陽光発電投資の場合、太陽光発電設備について減価償却することができます。償却方法は、原則として個人は定額法、法人は定率法です（逆も選択可能）。耐用年数は17年となります。

定額法は、耐用年数（17年）にわたって毎年同額にならして減価償却費を計上する方法です。定率法は、耐用年数（17年）の初年度ほど減価償却費の計上額が大きくなり、後ろほど少なくなる方法です。

定額法ベースの太陽光（個人）で考えてみましょう。定額法なら耐用年数17年にわたって毎年同額の減価償却費を計上することができます。そして、ソーラーローンの融資期間は耐用年数と同じかそれよりも短いケースが多いです。ソーラーローンの融資期間は10〜17年程度が多く、特に15年のケースが多いのではないでしょうか。

つまり、個人で行う定額法ベースの太陽光発電投資の場合、減価償却費が毎年同額であるため、初期に減価償却費を無駄遣いすることがありません。さらに、融資期間を耐用年数（17年）以下に留めることができるので、減価償却が終了した後に返済が継続するような事態も防げます。よって、定額法ベースの太陽光発電投資は特に、継続性のあるキャッシュフローが得られる堅実な投資法なのです。

なお、定率法の場合は初期に多めに減価償却費を計上することになりますので、減価償却費が減少する後半に備え、定額法ベースの場合よりも自己資金を多く投入し、返済元金を少なくしておきたいところです。

ちなみに、表1－2は2000万円の太陽光発電設備を耐用年数17年、定率法の償却率

0・118、定額法の償却率0・059で計算した場合の毎年の減価償却費です。

グラフにして比較すると、図1－2の通りです。

グラフから明らかなように、定率法の場合は、最初の4～5年目までは減価償却費の計上が大きくなります。ただ、後半は定額法118万円、定率法80万円に落ち着いています。定率法ベースでも後半に極端に計上額が少なくなるわけではないので、最初に減価償却費を大きく計上したい事情（例えば、ほかの事業、投資で、たまたま今年だけ大きな利益が出たなど）があるなら、個人でも定率法を選択してもよいと思います。

太陽光発電投資では、土地代よりも設備代のほうがはるかに大きいので、減価償却費の総額も大きくなり、大きな費用を計上できる上、定額法を選択すれば均等に毎年費用計上できるので、安定的なキャッシュフローを得ることができるのです。

〈表１－２〉 減価償却費の比較

年	償却限度額（定額法）	償却限度額（定率法）
1 年	1,180,000 円	2,360,000 円
2 年	1,180,000 円	2,081,520 円
3 年	1,180,000 円	1,835,900 円
4 年	1,180,000 円	1,619,264 円
5 年	1,180,000 円	1,428,191 円
6 年	1,180,000 円	1,259,664 円
7 年	1,180,000 円	1,111,024 円
8 年	1,180,000 円	979,923 円
9 年	1,180,000 円	864,292 円
10 年	1,180,000 円	807,527 円
11 年	1,180,000 円	807,527 円
12 年	1,180,000 円	807,527 円
13 年	1,180,000 円	807,527 円
14 年	1,180,000 円	807,527 円
15 年	1,180,000 円	807,527 円
16 年	1,180,000 円	807,527 円
17 年	1,119,999 円	807,527 円

〈図１－２〉 減価償却費の比較モデル

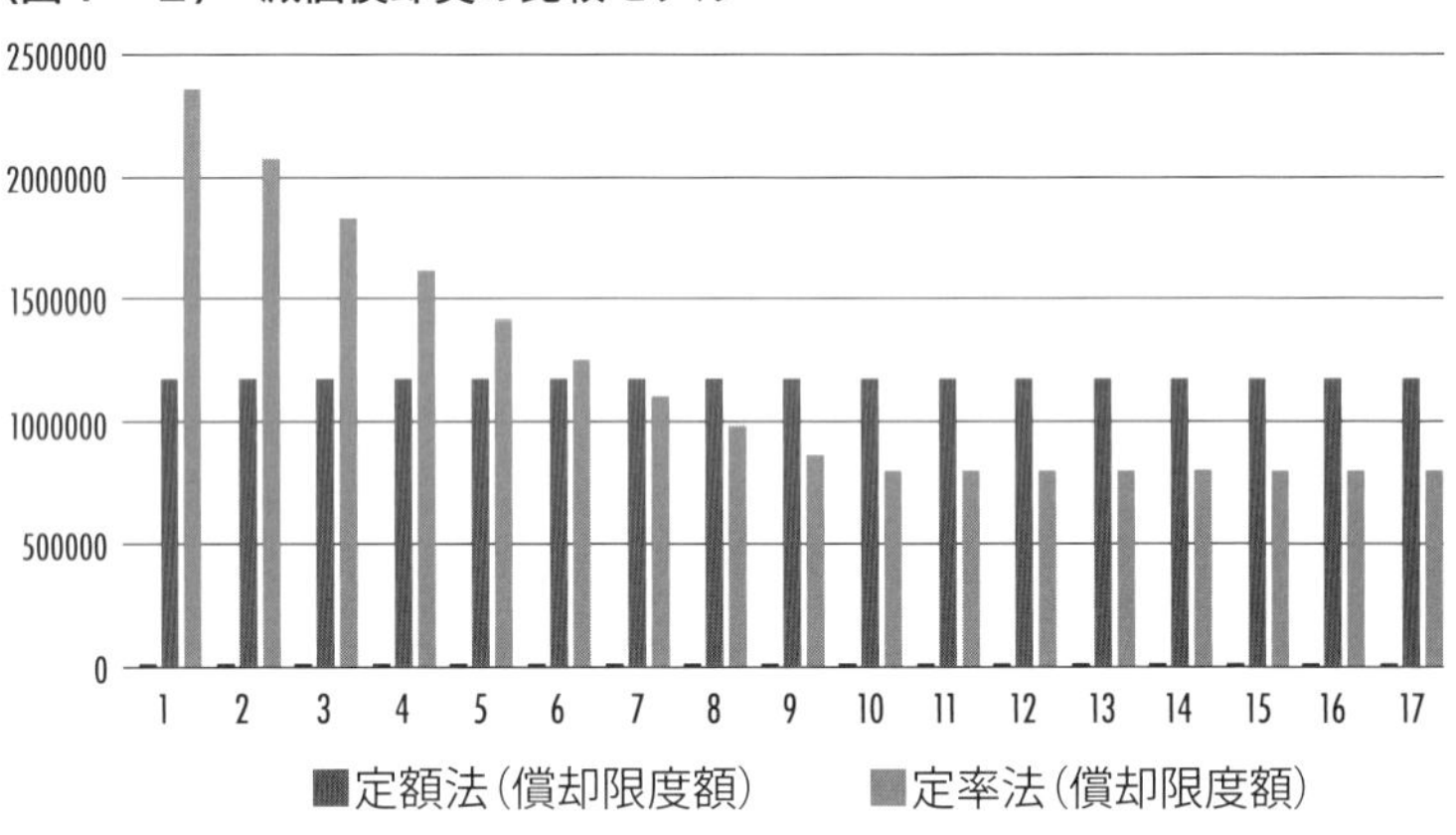

8 太陽光発電所の購入例

これまで私が購入し、運営している太陽光発電所について簡単にご紹介します。千葉県、茨城県、栃木県の３県に分布しています。現在、合計９基で５００ｋＷほどの規模となっています。１０００ｋＷが１メガと同じなので、いわゆるメガソーラーの半分ほどの規模です。

総投資額は自己資金も含めて１・４億円弱、売電収入は年１８５０万円ほどです。おおむね、表面利回り11～12％の発電所に自己資金を投入しながら購入してきました。なお、この表面利回りの数値は、第３章で説明している計算式を用いたときの値です。融資は、信販会社、銀行、信用金庫など、様々な金融機関から受けています（表１－３）。

〈表1－3〉 著者が所有する発電施設と融資元

	場　所	売電単価	太陽光パネルの容量	防草シート	融資
1	千葉県八街市	36円	52kW	有（全面）	信販会社
2	千葉県八街市	36円	52kW	有（全面）	信販会社
3	栃木県那須塩原市	32円	40.8kW	無	信販会社
4	茨城県鉾田市	29円	61.36kW	有（一部）	地銀
5	千葉県山武市	27円	51kW	有（一部）	信販会社
6	千葉県山武市	27円	51kW	有（一部）	信販会社
7	茨城県鉾田市	27円	61.36kW	有（一部）	地銀
8	千葉県長生郡	24円	60.48kW	無	信金
9	千葉県長生郡	24円	81.92kW	無	地銀

C・O・L・U・M・N

よい太陽光営業マンと出会う方法

そもそもよい営業マンとは、どのような人物でしょうか。もちろん、好条件の案件情報を優先的にくれる営業マンがよい営業マンでしょう。では、どうすればそのような営業マンと出会えるのでしょうか。紹介でもない限り、答えは一つ、「数打てば当たる」です。こちらがたとえ厳しい条件を提示しても、条件に合う案件を真摯に探してくれる誠実な営業マンは、数は少ないですが存在します。もちろん営業マンも販売成績があるでしょうから「買える顧客」でなければなりません。

自分には融資枠があることをアピールできれば、「買える顧客」として認識されやすくなります。そして、一度その営業マンから購入した実績があれば、次回も好条件の情報を流してくれるようになります。これまで多くの業者を回ってきましたが、出会った営業マンの中で、この人はすごいと思える人は数人です。私は、その数少ない営業マンから購入してきました。同じ営業マンから複数基の発電所を購入しているリピーターです。

自分の条件には妥協せず、たとえ相手にされなくても、いつか相手にしてくれる真摯な営業マンと出会えるまで行動し続けることが大事です。

ちなみに、これまで出会ったよい営業マンは皆、問い合わせへのレスポンスが速かったり、メールの文面も丁寧だったり、気づかいのできる人が多いです。反対に、この辺りがいい加減な人は、こちらをしっかりと見てくれていないわけですし、そのような人から好条件の案件はなかなか出てこないように思われます。

第2章 太陽光発電投資の理解に必要な基礎知識

固定価格買取制度（ＦＩＴ制度）と売電の手続き

固定価格買取制度（ＦＩＴ〔Feed - in Tariff〕制度）とは、再生可能エネルギーで発電した電気を、電力会社が一定価格で一定期間買い取ることを国が約束する制度のことです（資源エネルギー庁『再生可能エネルギー固定価格買取制度ガイドブック』参照）。原則として、発電した電気を全量売電する産業用の太陽光発電所（10ｋＷ以上）は20年間、固定の売電単価で電力会社に売電を行うことができます。

発電した電気は基本的に自宅で使用し、余った分だけ売電できる余剰売電を行う住宅用の太陽光発電所（10ｋＷ未満）は10年間、固定の売電単価で電力会社に売電を行うことができます。住宅用は10年ですが、産業用は20年、しかも全量を売電することができます。

この売電単価は、２０１２年の制度開始以来、毎年下がっています。２０１２年度に40円という売電単価だったものが、２０１９年度には14円まで下がりました。２０２０年度以降に固定価格買取制度が継続するかはわかりませんが、このままのペースで進めば、うまい具合に固定価格買取制度を卒業し、自由な市場原理の下での再投資も可能になるかもしれません。

色々と批判もある太陽光発電ですが、官僚の政策は間違いなくすごいと思います。アメ（高い売電単価）とムチ（売電単価の引き下げ）を上手く使いながら、優良な太陽光業者がつぶれないように、そして投資家が参入できるように、再生可能エネルギーの普及をコントロールしてきたのですから。

ちなみに、太陽光ばかりが注目されていますが、固定価格買取制度の対象は「太陽光」のほかに「風力」「水力」「地熱」「バイオマス」もあります。サラリーマン投資家の間では、太陽光のほかには小型風力が投資対象となっていますが、いずれも太陽光ほど馴染みはないかもしれません。

売電単価の権利を確定し、売電を開始するまでの手続き

まず、「事業計画策定ガイドライン」を踏まえて事業計画を立てます。そして施工業者に依頼して設備の具体的な構成を決め、見積もりをとります。その後、電力会社に接続契約（発電設備を電力会社の電力系統に接続するための契約）・特定契約（電力会社に売電するための契約）の申込みをし、契約を締結します。

〈図2－1〉契約から発電開始までの流れ

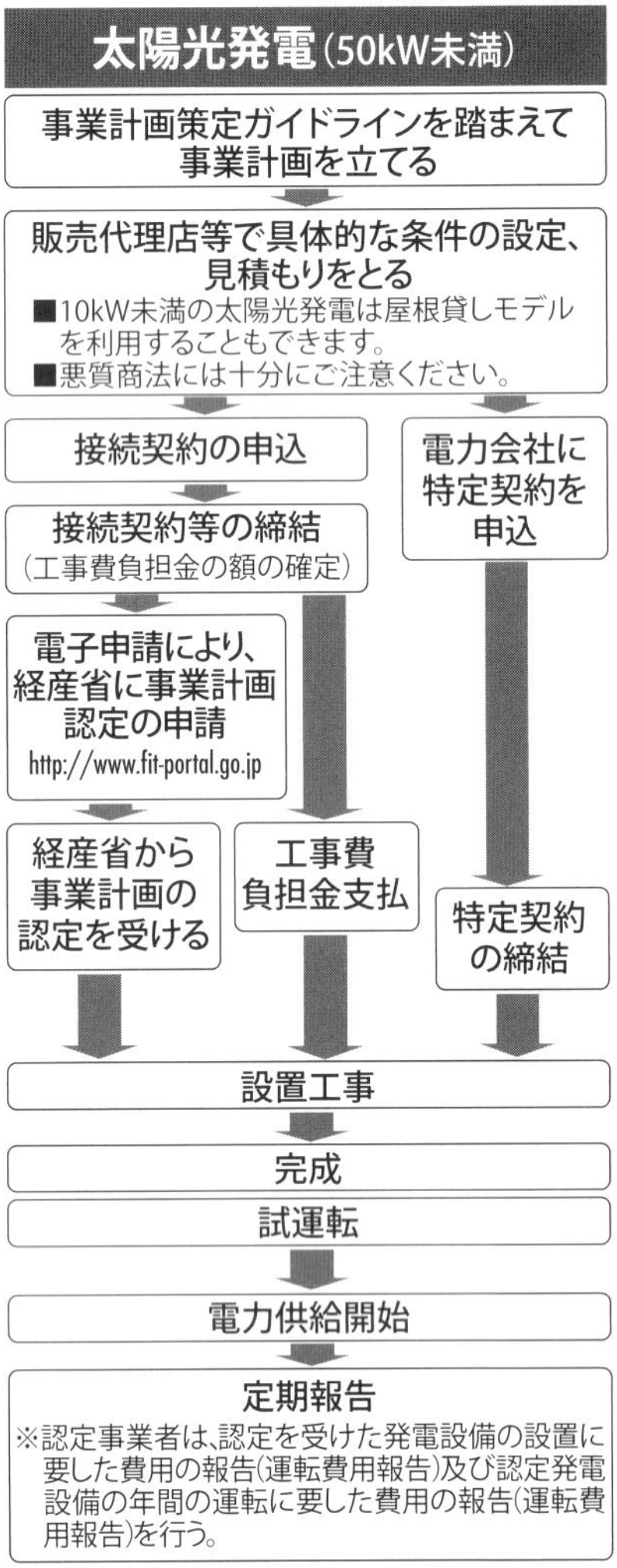

太陽光発電（50kW未満）

事業計画策定ガイドラインを踏まえて事業計画を立てる
↓
販売代理店等で具体的な条件の設定、見積もりをとる
■10kW未満の太陽光発電は屋根貸しモデルを利用することもできます。
■悪質商法には十分にご注意ください。
↓
接続契約の申込 ／ 電力会社に特定契約を申込
↓
接続契約等の締結（工事費負担金の額の確定）
↓
電子申請により、経産省に事業計画認定の申請
http://www.fit-portal.go.jp
↓
経産省から事業計画の認定を受ける ／ 工事費負担金支払 ／ 特定契約の締結
↓
設置工事
↓
完成
試運転
↓
電力供給開始
↓
定期報告
※認定事業者は、認定を受けた発電設備の設置に要した費用の報告（運転費用報告）及び認定発電設備の年間の運転に要した費用の報告（運転費用報告）を行う。

資源エネルギー庁ホームページより作成

電力会社の連系工事負担金（金額の例は84、85ページを参照）の確定後、「再生可能エネルギー電子申請（https://www.fit-portal.go.jp/）」にアクセスし、経産省に対して事業計画認定に関する所定の手続きを行い、経産省から事業計画の認定を受けることで売電単価を確定させます。

その後、連系工事負担金を支払い、施工業者による発電設備の設置工事が完成すると、系統連系して試運転・電力供給開始となります。詳細な流れについては、資源エネルギー

庁のホームページ（https://www.enecho.meti.go.jp/category/saving_and_new/saiene/renewable/business/index.html）に記載があります（図２－１）。

系統連系

系統連系とは、電力会社の電力系統に太陽光発電設備を接続することです。単に「連系」と言われることのほうが多いでしょう。太陽光発電設備を電柱などに接続し、売電できる状態にすることを意味します。投資家の間では、連系した＝売電開始したくらいの意味合いで使われています。「連系予定日（売電開始予定日）はいつでしょうか？」といった使い方をします。

なお、連系工事を行ってもらうために、電力会社に連系工事負担金を支払わなければなりません。施工業者が立て替え払いしてくれていることも多いですが、自分で土地を仕入れてきたような場合は連系工事負担金を自分で納付する必要があります。

2 太陽光発電設備を構成する機器

太陽光発電投資の検討前に知っておくべき用語を簡単に説明します。これらの用語を知っておけば、太陽光発電投資の理解もしやすくなります。

太陽光パネル（太陽電池モジュール）

太陽光発電所といえば太陽光パネルです。太陽光パネル（太陽電池モジュール）を列に並べて太陽電池アレイが形成されます。

太陽光パネルは、主に、結晶系（例えばシリコン系）と、化合物系（例えばＣＩＳ系）とに分かれます。シリコン系の太陽光パネルが大半を占めています。シリコン系のパネルには、単結晶パネルと多結晶パネルがあります。

単結晶パネルでは、パネルを構成するそれぞれのセルが純度の高い一つのシリコン結晶になっていて、変換効率（太陽光エネルギーを電力に変換した割合）が高く、耐用年数も長いという特徴があります。

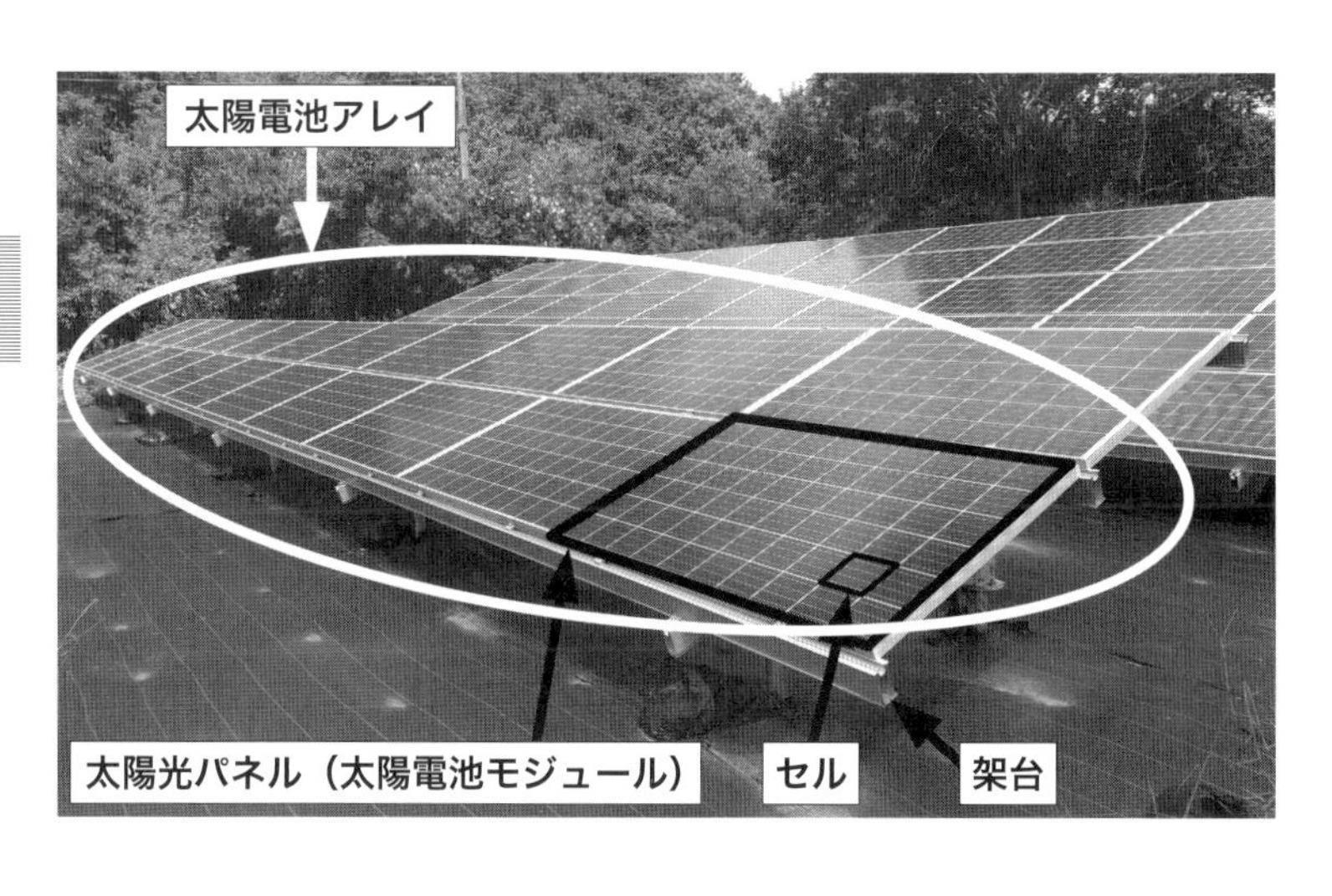

多結晶パネルは、多くの結晶が繋がって構成されており、単結晶ほど変換効率が高くないですが、低コストで製造できるため、安価に調達することができます。

単結晶パネルのほうが、多結晶パネルよりも発電量が多くなりますが、その分、価格も高めになります。もし割安に調達できるのであれば単結晶パネルを選択すべきですが、近年では多結晶パネルの性能も向上しつつあります。

化合物系の代表はＣＩＳ系です。Ｃは銅（Cu）、Ｉはインジウム（In）、Ｓはセレン（Se）を意味します。ＣＩＳ系の太陽光パネルで有名なのがソーラーフロンティア株式会社の製品です。太陽光パネルの一部に影がかかっても、曇り空でも発電しやすいという特徴があります。

例えば1枚の出力が３００Ｗの太陽光パネルを２００枚並べると6万Ｗ＝60ｋＷとなります。おおよそ、太陽光パネルが２００～３００枚で60～90ｋＷとなりますので、このくらいの枚数の太陽光パネルで一つの発電所を構成することが多いです。

私の発電所では、単結晶パネルを採用した発電所もあれば、多結晶パネルの発電所もあり、ＣＩＳ系パネルの発電所もあります。どの種類のパネルも問題なく発電してくれています。

架台(かだい)

架台とは、太陽光パネルを載せるための基礎となる土台のことです。強風、積雪、錆(さび)などに長期で耐えられる、しっかりした素材・強度の架台を採用すべきです。

パワーコンディショナー（PCS：Power Conditioning System）

パワーコンディショナーとは、太陽電池で発生した直流電力を交流電力に変換する装置です。略してパワコンです。一般的な低圧（出力50ｋＷ未満）の太陽光発電所では、1台5・5ｋＷのパワコンを9台設置して49・5ｋＷの発電所を構成するケースが多いです。

また、1台9・9kWのパワコンを5台設置して49・5kWにしたり、1台5・9kWのパワコンを8台で47・2kWにしたりする構成もあります。PCSと表記されていることもありますが、パワコンの意味で使われています。

パワコンは、なるべく電柱の近くに集約されているほうがよいと言われています。電柱で高圧化されて送電されるため、近いとロスが少なくなります。電柱に到達するまでの距離が長いと、低電圧の状態の距離が長くなり、ロスが大きくなるようです。

3 低圧と高圧との違い

全量買取を行う産業用太陽光発電所は、その規模に応じて低圧と高圧に分かれます。低圧の太陽光発電所とは、発電所の出力が50kW未満の発電所です。一方、高圧の発電所とは、発電所の出力が50kW以上の発電所です。いわゆるメガソーラーは、1M（メガ）＝1000kWなので高圧の発電所に属します。サラリーマン投資家が購入するのは低圧の発電所が多いでしょう。

低圧かどうかは、太陽光パネルの容量と、パワーコンディショナー（PCS）の容量とのうち、小さいほうの値で決まります。例えば、太陽光パネルの容量が60kWで、パワーコンディショナーの容量が49・5kWの発電所は、小さいほうの49・5kWが50kW未満なので、低圧となります。

また、太陽光パネルの容量が40kWで、パワーコンディショナーの容量が55kWだった場合も、小さいほうの40kWが50kW未満なので低圧です。ただ、後者のような案件は皆無です。大抵は太陽光パネルの容量はパワーコンディショナーの容量以上です。

サラリーマン投資家で、いきなりメガソーラーの規模に投資できる人は限られています。余程の資産家、高属性の人でない限りは難しいでしょう。そこで、おすすめなのが、低圧の発電所を積み上げていき、合計で1MW（メガワット）の規模を目指す戦略です。私は、この戦略で少しずつ積み上げを図っています。

過積載とピークカット

今、主流の過積載とは？

これから新規に太陽光発電所を購入する場合、ほとんどが「過積載」と呼ばれる発電所です。過積載とは、通常はトラックなどの重量オーバーを指す用語ですが、この業界では、パワーコンディショナーの容量に対して太陽光パネルの設置容量が「過度に積載」されていることを意味する言葉です。大体、パワーコンディショナーの容量49・5kWに対して、太陽光パネルの容量が60kWを超えてくると過積載の範囲です。

また、最近では「スーパー過積載」という用語も登場しています。パワーコンディショナーの容量49・5kWに対して、太陽光パネルの容量が100kWを超えてくるとスーパー過積載と言われています。

固定価格買取制度の開始当初は、パワーコンディショナーの容量49・5kWに対して、太陽光パネルの容量が50kWくらいと、ほぼ同程度の容量の発電所が標準的でした。過積載という方法により、売電を増やしつつ発電所の設置コストを低下させることができるため（理由については後述）、現在では、こちらが主流となっています。毎年の売電単価の低下の中で、太陽光施工業者の創意工夫で生まれた方法なのです。

ピークカット

過積載の太陽光発電所と切っても切れないのがピークカットです。過度に太陽光パネルを載せているわけですから、パワーコンディショナーから出力される際に、一部はカットされてしまい売電ロスが起こります。特に、夏場の日中は、発電しても、一部がカットされてしまい、売電できない状況が起こります。

図2－2は所有発電所での、夏の晴天日の実際の発電量の推移です。横軸が時間、縦軸が発電量を示しています。9～12時では同じ発電量となっているのがわかります。本当は

〈図２－２〉　夏の晴天時の発電量の推移

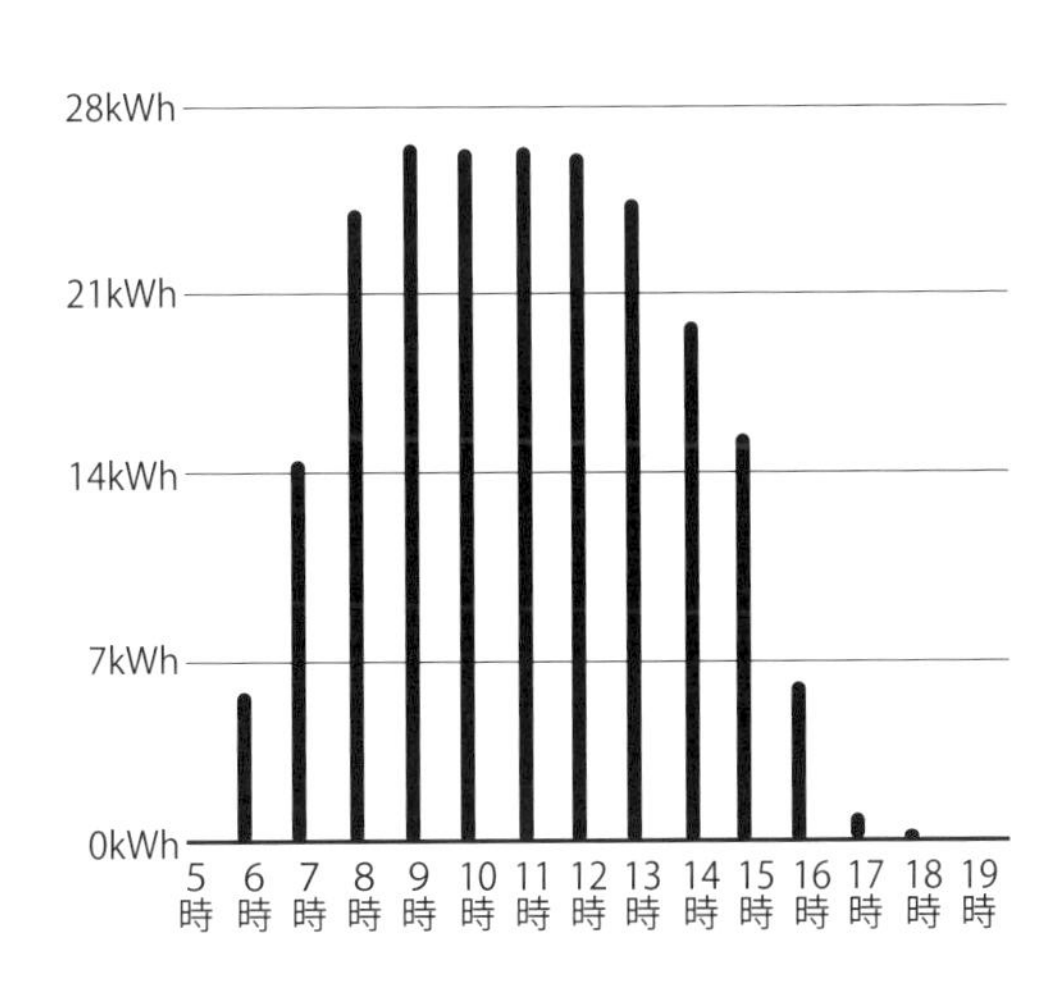

これ以上発電されているのですが、パワーコンディショナーで調整されてピーク（頂上）がカットされています。

しかし、たとえピークカットが生じても、太陽光パネルを増やした分、朝夕で売電できる量が増大しますし、曇や雨の日には、そのまま売電が増大します。その理由は次で説明しますが、ピークカットを考慮しても、過積載仕様にすることで、低価格かつ高利回りを実現できるのです。

過積載仕様で利回りがアップする理由

図２－３を使って、過積載仕様で利回りがアップする理由を説明します。

図は晴れの日のグラフと、曇りの日のグラフです。パワーコンディショナーの容量が

〈図２－３〉 晴天時と曇天時の発電量

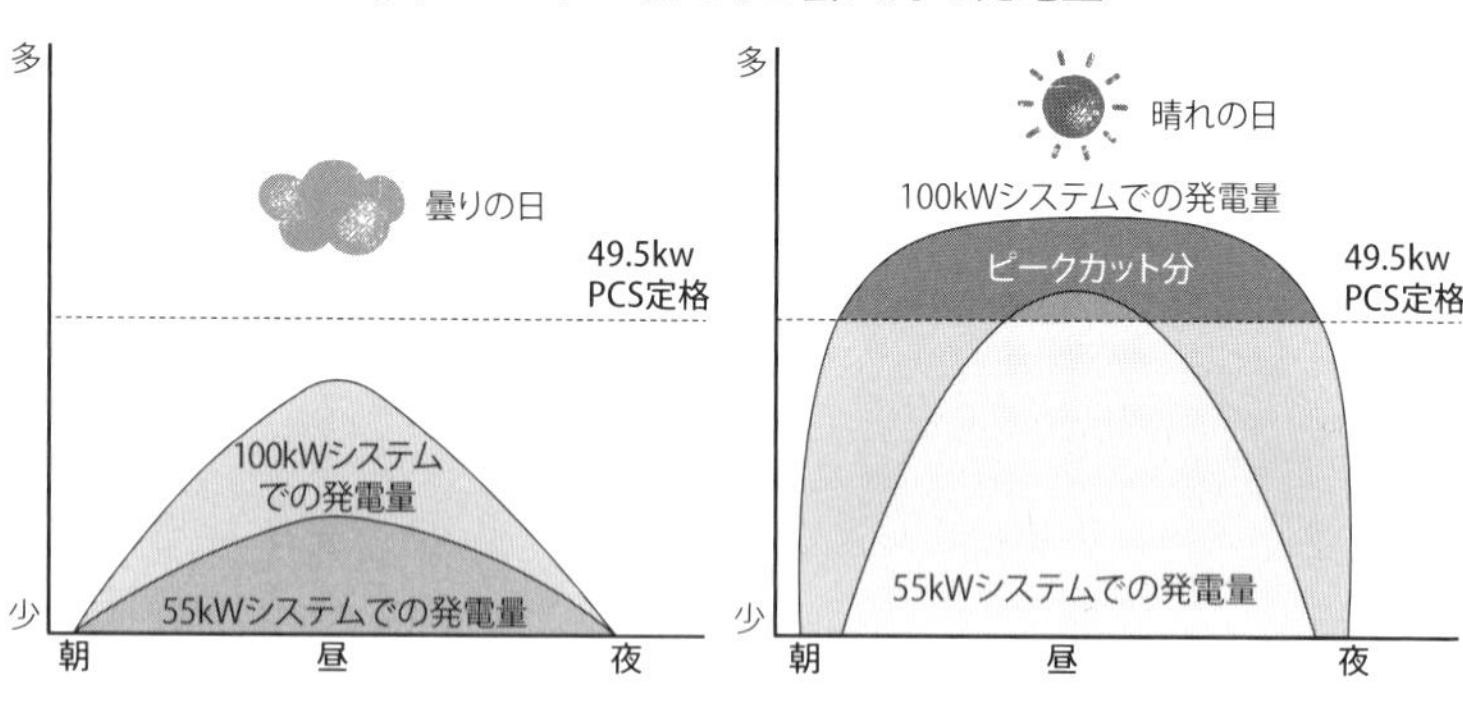

49・５ｋＷ、太陽光パネルの容量が１００ｋＷの過積載発電所と、パワーコンディショナーの容量が49・５ｋＷ、太陽光パネルの容量が55ｋＷの過積載ではない発電所とを比べます。どちらのグラフも、横軸は時間（左から右へいくにつれて朝、昼、夜と時間が変わっています）、縦軸は発電量です。

まず、晴れの日のグラフから見てみましょう。パワーコンディショナーが49・５ｋＷなので、どんなに発電してもパワーコンディショナーで調節されて49・５ｋＷしか出力することができません。そのため49・５ｋＷを超えた分は、ピークカットされてしまい売電できません。

１００ｋＷの過積載発電所では、朝の早い時間帯から発電量はどんどん上がり、早くにピークカットに到達し、日中ピークカットが続いて、夕方までピークカットの影響があります。ただ、ピークカットはされますが、朝から夕方まで最高出力（49・5ｋＷ）に近い状態で発電し続けることができます。

一方、55ｋＷの発電所では、ピークカットの影響を受けるのは日中の少しの時間帯ですが、朝と、夕方の発電量は１００ｋＷの発電所と比べて少なくなります。

次に、曇りの日のグラフを見てみます。曇りの日は、あまり発電しないので発電量が49・5ｋＷに到達していません。１００ｋＷの発電所も、55ｋＷの発電所も、発電のピークは49・5ｋＷよりも少なくなっていますね。この場合、ピークカットは起こらず、増やした太陽光パネルの容量だけ発電量が増加します。１００ｋＷの発電所では、55ｋＷの発電所と比較してパネルの違いの分だけ、そのまま発電量が増えるのです。

このように、晴れの日（特に5～8月の日射量が多い時期の晴れの日）にはピークカットの影響を受けるものの、年間を通じて曇りや雨の日もあるので、過積載にすると年間の発電量を増大させることができます。そして、過積載ということは、太陽光パネルを大量に購入することになりますから、パネル代金の割引を多少受けることもできるようになります。太陽光設備の総コストを抑えつつ、発電量をアップさせて売電収入を増やすことで、高利回りの発電所を造ることが可能になっています。

最近では、パワーコンディショナー容量49・5kWの発電所に、100kWをはるかに超える130~150kWの太陽光パネルを載せるような発電所も登場しています。しかし、太陽光パネルの容量を増やしすぎると、発電量がこれ以上アップしなくなる分岐点があるはずです。太陽光パネルの容量を増やすほど利回りはアップしますが、太陽光パネルの容量が増えるほどピークカットの影響も大きくなっていくからです。

はたして、過積載量の上限はどのくらいなのでしょうか。まだ高額ですが、蓄電池と組み合わせる手法（日中のピークカット分を蓄電池に蓄電し、夜間に売電する手法）も試され始めているようですので、今後の技術発展に期待したいところです。

5 押さえておきたい太陽光発電投資のリスクと対処法

太陽光発電投資のリスクは、自然災害リスク、盗難リスク、投石などによる太陽光パネルの破損リスク、パネルが強風で飛ばされて人や建物に損害を与えてしまうことによる賠償リスク、出力制御（出力抑制）リスクなどです。

出力制御とは、所定の条件下で、電力会社が発電事業者に対して発電設備からの出力の停止や抑制を要請し、発電量を制御する仕組みです。２０１８年10月に、九州電力で出力制御が実際に行われ、売電できない事態が起こっています。これらのリスクに対しては、保険への加入で備える以外に方法がないと思います。

動産総合保険（自然災害、盗難、投石）

信販会社のアプラスのソーラーローンを利用した場合、動産総合保険が付帯してきます。アプラスを利用しない場合は、自分で動産総合保険に加入することになるでしょう。施工業者を通じて加入することもできます。信販会社以外で動産総合保険に加入する場合、発電所の規模により異なりますが、費用は10年一括で数十万円の価格帯です。発電所の販売にあたって、施工業者が動産総合保険もセットで提供してくれていることが多いです。

私が利用したときの信販会社の動産総合保険では、火災、落雷、破裂または爆発、台風などの風災、雹(ひょう)災、豪雪・雪崩などの雪災、台風などによる洪水・高潮・土砂崩れなどの水災、外部からの物体の落下・飛来・衝突、盗難などが保険金支払いの対象です。

しかし、地震、噴火、これらによる津波は対象外です。

休業損害補償保険

自然災害などで太陽光発電所が発電を停止した場合、損害を受けた太陽光設備に対して補償を受けることができますが、修理して売電を再開できるようになるまでの間に得られるはずだった売電収入は補償されません。休業損害補償保険に加入しておけば、得られるはずだった売電収入まで補填してもらうことができます。

出力制御保険（出力抑制保険）

電力会社の出力制御によって売電できなかったとき、得られたはずの売電金額を補償してくれる保険です。休業損害補償保険では出力制御まではカバーされていないので、こちらの保険に加入する必要があります。

施設賠償責任保険

パネルが強風で飛ばされて人や建物に損害を与えてしまうことによる賠償リスクに対しては、施設賠償責任保険への加入で対応します。被害を受けたときに備える保険ではなく、自分が周囲に被害を与えてしまったときのための保険です。住宅地の中にあるような太陽光発電所の場合、人通りもあるでしょうから、加入しておくべきだと思います。

地震保険

動産総合保険では、地震はカバーされていません。地震保険は、不動産投資では加入が必須ですが、太陽光発電投資では加入していない人も多いかもしれません。その理由は、融資の際に地震保険が必須ではないこと、そして地震保険料が高額であることです。

そもそも15年程度の融資期間であることが多いため、大きなキャッシュフローが得られるわけではありません。そのキャッシュフローを高額な地震保険料でさらに少なくしてまで加入すべきかどうか。判断は悩ましいところだと思います。

２０１６年に発生した熊本地震では震度7が観測されましたが、野立て太陽光発電所に大きな損害が発生したという話はありませんでした。これをどう捉えるべきなのか。難しい問題ですが自己責任で加入すべきかどうか判断しましょう。

周辺環境の変化（隣地に大きな建物が建設されて影に？）

土地が住宅地にある場合、隣地に将来住宅が建築されて日陰になってしまう可能性があります。周辺環境の変化により発電量に影響があるかどうかも事前にチェックし、大きな影響がありそうなときは投資を見送るなど、将来を予測した上で投資判断しましょう。投資を止めるのが正解の場合もありえます。

特殊なタイプの太陽光発電所

数は多くないものの、太陽光発電所の中には、追尾型の発電所があります。実際の投資案件の中でもちらほら見かけます。追尾型の発電所とは、文字通り、太陽光パネルが常に太陽の方向を向くように（太陽を追尾するように）、パネルの方向を制御する装置が備わったタイプの発電所です。ヒマワリの花を想像してもらうとイメージが湧きやすいのではないでしょうか。

太陽光パネルの発電量は真南のときに最も多くなります。太陽を追尾することにより、常に太陽が正面にくることになるため、発電量が1・5倍ほどに増加することもあるようです。さらに、風圧センサを搭載し、台風などの強風時にはパネルを水平方向に制御するといったものまで存在するようです。

また、パネルの方向を自在に変更できるため、積雪時にパネルを垂直方向に傾けて雪を落とすことも可能です。なかなか面白いですよね。

ただ、追尾型の発電所では、追尾を行うための駆動機構が必須となるので導入コストも大きくなります。また、駆動機構があると、どうしても機械装置の摩耗が起こります。「動き」を伴う機械には故障のリスクがありますし、メンテナンス費用もかかるでしょう。これに対して、太陽光パネルが固定的に設置される通常の発電所では、そうした故障リスク、メンテナンス費用の増加リスクなどはありません。こうしたリスクを補って余りある利回りであれば、追尾型の発電所も面白いと思います。

太陽光発電の標識（看板）の設置義務

２０１７年４月の改正ＦＩＴ法の施行により、太陽光発電所が適切に維持・管理されるように、出力20ｋＷ以上の地面設置（野立て）の発電所には、標識（看板）の設置が義務付けられました。なお、今のところ屋根置きの場合は不要です。これまでは、野立ての太陽光発電所がメンテナンスされないまま放置されていても、近所の人が発電事業者に連絡するすべがありませんでした。

標識（看板）の設置が義務付けられたことにより、標識を見た人から直接連絡がくる可能性もあります。実際、私は発電所の近所に住んでいる人から電話がかかってきたことがあります。いい知らせのはずはないので、正直びっくりしました。そのときは、施工業者と事前に約束した発電所設置後の道路の舗装が進んでいないが、どうなっているのか、といった趣旨の連絡でした。私が一切関知していないことだったので、そのときは施工業者につないで終わりました。ただ、今後も、何かまずいことがあれば電話がかかってくる可能性はあります。

とはいえ、あまり心配する必要はありません。連絡先の電話番号を管理会社の番号にすれば自分にかかってくることはありません。保守点検責任者の連絡先が書いてあれば、発電事業者の連絡先は書かなくてもよいことになっているからです。

標識の記載内容は、再生可能エネルギー発電設備に関して、①区分、②名称、③設備ID、④所在地、⑤発電出力、再生可能エネルギー発電事業者に関して、⑥氏名、⑦住所、⑧連絡先、保守点検責任者に関して、⑨氏名、⑩連絡先、そして、⑪運転開始年月日の全11項目です。

発電事業者の⑧連絡先と、保守点検事業者の⑩連絡先は、どちらかの電話番号が書いてあれば大丈夫です。記載例は表2－1の通りです。

標識が義務化されたことに伴い、多くの施工会社がサービスで標識の作成・設置まで行ってくれるようになりました。依頼できるなら全部任せてしまいましょう。既存の発電所にも標識を設置しなければなりませんので、まだ未設置の発電所があれば必ず設置するようにしてください。認定が取り消され、せっかくの高い売電単価の権利がなくなってしまう可能性があります。

私は、改正ＦＩＴ法の施行に伴い、既存の発電所に設置するために標識を発注し、自分

〈表２－１〉　標識に記載する項目

固定価格買取制度に基づく再生可能エネルギー発電事業の認定発電設備		
再生可能エネルギー発電設備	区分	太陽光発電設備
	名称	八街第１発電所
	設置 ID	AB12345C68
	所在地	千葉県八街市●● 1-1-1
	発電出力	49.5kW
再生可能エネルギー発電事業者	氏名	●●　●●（法人なら××株式会社等）
	住所	東京都●●区▲▲ 1-1-1
	連絡先	
保守点検責任者	氏名	■■株式会社
	連絡先	03-1234-5678
運転開始年月日		2019 年●月●日

で現地へ行って設置してきました。看板作成業者に依頼しましたが、私は10年超の耐候性がある1枚あたり７０００円程度のものを選択しました。ただし、標識の値段はピンキリです。安いもので１００円くらいから売っています。

数年で売却するつもりであれば安価なものでもよいかもしれません。ただし、白紙の標識を買って、表記を自分で記入する場合は、表示内容が雨などで消えないように配慮しておく必要があります。油性マジックで手書きなどは、避けたほうがよいかもしれません。

8 フェンス（柵塀）の設置義務

また、改正ＦＩＴ法の施行により、フェンスの設置も義務化されました。改正前はフェンスの設置は任意でしたが、改正により既存の発電所もすべてフェンスを設置しなければならなくなりました。

外部から触れられないように、パネルなどの発電設備とフェンスとの間に十分な距離が確保できていなければなりません。また、出入口を施錠しなければならず、外部から見えやすい位置に立入禁止の表示を掲げるなどの対策を講ずることも必須です。

可能であれば発電所の周囲全体をフェンスで囲み、出入口に南京錠を取りつけて、太陽光標識の隣に立入禁止の標識を設置しましょう。

私は、フェンス設置義務が必須となる前に、フェンスなしで購入した発電所がありました。当時は義務ではありませんでしたが、安全上の理由からフェンスは必ず設置したほうがよいと判断し、自分で１・２ｍの高さのアニマルフェンスを注文し、宿泊先のホテルを配送先にし、レンタカーを借りてフェンスを運び込みました。自分で設置しましたが、地面が固く、杭がなかなか刺さらずに苦労したものの、家族の助けも借りて無事に設置することができました。フェンスの材料費だけで済んだので10万円ちょっとで設置することができました。

このフェンスの設置の際に、事前に業者の見積もりをとったのですが、なんと70万超の値段でした。探せばもっと安く設置してくれる業者もありますが、自分での設置でだいぶ費用が浮きました。大変でしたが、あのときに頑張って設置しておいてよかったなと思います。

なお、これから購入する発電所については、太陽光標識と同様にフェンスの設置まで込みの価格で提供されていることがほとんどなので、特に心配する必要はないと思います。

9 メンテナンスの義務

「事業計画策定ガイドライン（太陽光発電）」によれば、保守点検及び維持管理に係る実施計画を策定すること、適切に保守点検及び維持管理を実施する体制を構築すること、策定や体制の構築に当たっては、民間団体が定めるガイドラインなど（例えば「太陽光発電システム保守点検ガイドライン（一般社団法人太陽光発電協会）」）と同等またはそれ以上の内容により、事業実施体制を構築するように努めることなどが規定されています。

具体的に、この点検項目を含めなさいよといったことまでは決まっていませんが、今後は細かく規定されたマニュアルが作られる可能性もあります。

10 定期報告の義務

そして、定期報告も義務化されました。定期報告には、設置費用報告（発電所設置時に1回だけ）、運転費用報告（毎年1回）があります。設置費用報告とは、発電設備の設置に要した費用の報告です。発電所が運転開始した日から1か月以内に行う必要があります。基本的に、施工業者に報告をお願いすることになると思います。運転費用報告とは、発電設備の年間の運転に要した費用の報告です。

また、２０１８年7月23日より、運転費用報告において、廃棄費用（撤去及び処分費用）

に関する報告（廃棄費用の積立計画・進捗報告）も義務化されました。

10ｋW以上の太陽光発電設備（全量買い取りの産業用）で両方の報告が必須です。10ｋW未満の太陽光発電設備（余剰買い取りの住宅用－屋根置き型に代表される住宅用の発電設備で、発電した電気はまず自宅で消費して、余った分を売電する発電設備）は、設置費用報告は必須ですが、運転費用報告は経済産業大臣が求めた場合だけ必要です（対象者には連絡がくるようです）。

一般的に、空き地などに設置する野立て型の太陽光発電所は全量買い取りの産業用であり、自宅の比較的小さい屋根に載せる太陽光発電所は余剰買い取りの住宅用が多いでしょう。ただし、アパートの屋根など比較的大きい屋根に載せる太陽光発電所で、10ｋW以上の規模になると、屋根置き型でも全量買い取りの産業用を選択することができます。本書では、全量買い取りとなる野立て型の太陽光発電所、全量買い取りとなる10ｋW以上の規模の屋根置き型の太陽光発電所を対象としています。

定期報告は、「再生可能エネルギー電子申請（https://www.fit-portal.go.jp/）」にアクセスして行います。または、資源エネルギー庁のホームページ内の「費用の定期報告（https://www.enecho.meti.go.jp/category/saving_and_new/saiene/kaitori/fit_report.html）」にアクセスして書式をダウンロードし、記入したものを、経済産業省が委託した代行申請機関（一般社団法人太陽光発電協会　ＪＰＥＡ代行申請センター（ＪＰ－ＡＣ））へ郵送で提出することもできます。いずれにせよ、忘れずに報告を行う必要があります。

２０１２年の固定価格買取制度の開始時は、とにかく再生可能エネルギーの普及が先で、発電所の維持管理についてはあまり厳しくありませんでした。今は、ある程度、太陽光発電所が増加してきたため、適切な維持管理に重きをおくようになってきています。今後もますます、きちんと管理されていない発電所には厳しい措置が取られる方向にシフトしていくでしょう。

C・O・L・U・M・N

売電単価36円、表面利回り10%の野立て太陽光発電所は新築ワンルームマンションとそっくり?

不動産投資のために勉強している人は、新築ワンルームマンション投資にだけは手を出すべきではないことを知っているかもしれません。新築ワンルームには業者の利益が大きくのせられています。よく販売されているような売電単価36円、表面利回り10%の発電所は、業者の利益が大きいという点で新築ワンルームと似ています。

売電単価14円、表面利回り10%の発電所と、売電単価36円、表面利回り10%の発電所とが、同じ利回りで売られているのを不思議に思ったことはありませんか。

今は、表面利回りが10%程度あれば簡単に売れてしまう、完全な売手市場です。売電単価14円の時代であれば、設備の調達コストは下がっています。その安い調達コストのもとで売電単価36円の発電所を造ったら、本当であれば表面利回り20%くらいで提供できるはずです。それを表面利回り10%に引き直すのですから、いかに施工業者の利益が大きいかわかると思います。表面利回り20%とはいかなくても、13〜14%くらいで販売してくれたら嬉しいのですが…。

第3章

これだけは押さえておきたい！　失敗を回避する投資判断手法

表面利回り10％にフルローンは収支トントン？

一般的な太陽光発電所の表面利回りは約10％です。表面利回りとは、年間収入を、太陽光発電所の購入価格で除算した値に100を掛けた値です。「新設の」太陽光発電所の場合、年間収入は、年間予測売電収入額です。例えば、年間予測売電収入額が200万円で、太陽光発電所の購入価格が2000万円だとすると、表面利回りは（200万円／2000万円）×100＝10％です。

このような太陽光発電所に投資した場合、どのくらいのキャッシュフローが得られるのでしょうか。フルローン（全額融資）で購入した場合を考えます。2000万円の借り入れで、標準的なケースとして、融資期間15年、固定金利2・5％、元利均等返済を想定します。この場合の年間返済額は約160万円です（この時点で返済比率8割です）。

さらに、土地の固定資産税が数万円～10万円程度、設備の償却資産税が20～25万円程度、パワーコンディショナーの電気代が年間2～3万円かかります。メンテナンスを業者に頼んだ場合、10万円程度がさらにかかります。

どうでしょうか。収支はトントンか赤字にもなりえます。これでは投資している意味がほとんどありません。数年間は収支トントンのまま耐え続けて、元本が減った頃に売却益を狙うくらいでしょうか。

今回のケースでは、少なくとも1～2割は自己資金を入れるべきだと思います。例えば1割の２００万円が自己資金の場合、１８００万円の借り入れになります。ほかの条件に変わりはないとすると、この場合の年間返済額は約１４４万円です。フルローンの場合よりも年間16万円ほどキャッシュフローが改善しました。

同様に、２割の４００万円が自己資金の場合、年間返済額は約１２８万円です。フルローンの場合よりも年間32万円ほどキャッシュフローが改善しました。どの程度自己資金を入れるかは投資家の判断次第ですが、このような案件にフルローンで投資すべきではないことを、まずイメージしていただきたいと思います。

表面利回り10％の案件にフルローンで投資してもよいケース

とはいえ、表面利回り10％の案件にフルローンで投資するのが絶対にダメかというと、そんなことはありません。世の中には、節税目的（減価償却費の計上目的）で購入を検討す

第3章

る個人・法人もいます。彼らは、利益が出過ぎたために税金を少なくすることを目的としています。そうした人達にとっては、発電所単体で収支がトントンあるいは赤字でもまったく問題にならないことがあります。

●土地の価値が高い（売却の出口が見える）

一般的なサラリーマン投資家であっても、土地の価値が高く、住宅地として将来分筆して売却することで大きな利益が見込めるような案件であれば、その人物の状況次第で投資してもよいかもしれません。例えば、1基目の太陽光発電所から十分なキャッシュフローが得られており、2基目の太陽光発電所でキャッシュフローがトントン或いは赤字になってもカバーできるような状況であれば購入してもよいかもしれません。

●融資期間が17～20年とれる

融資期間が15年か20年かでは年間返済額に大きな違いが出ます。2000万円の借り入れ（フルローン）で、融資期間20年、そのほかの条件は同様だとすると、年間返済額は約127万円です。融資期間15年の場合の年間返済額160万円よりもキャッシュフローが約

33万円改善します。これをよしとするかどうかは投資家次第ですが、キャッシュフローだけを考えれば、融資期間15年の場合よりも検討の土台には乗りやすくなるかもしれません。

●持て余している土地の伐採費用込みならアリ

地方の田舎の広大な土地を持て余している人であれば、たとえ収支がトントンであっても投資する価値は十分にあるかもしれません。広大な土地は、維持していくだけでも大変です。少し放置しているだけで雑草や樹木が生えてしまい、ジャングルのようになってしまいます。

維持の負担を軽減する目的で投資するのであればアリではないでしょうか。土地代はかかりませんので、伐採費用や造成費用込みで表面利回り10%であれば、収支トントンでも投資する価値が十分あるでしょう。

2 太陽光発電所の情報を入手する

価格や規模、立地、利回りなど、条件のよい太陽光発電所を見つけるためにも、より多くの物件を比較検討することが大切です。太陽光発電所の情報は、おもに以下の手段で入手できます。

●ポータルサイト（ex メガ発、タイナビ発電所）

太陽光発電所のポータルサイトに掲載されている案件情報に問い合わせする方法です。太陽光発電所のポータルサイトとして有名なのが、メガ発（https://mega-hatsu.com/）、タイナビ発電所（https://www.tainavi-pp.com/）です。これらのサイトには常時、数多くの太陽光発電所の情報が掲載されています。

一方、ポータルサイトに掲載されていない施工業者も数多く存在します。自社のホームページなどでしか販促していない業者も多々あります。そうした業者を見つけて、こちらからアプローチをかけることもどんどん行うべきです。

●販売会に参加

また、太陽光発電所のポータルサイトには、販売会セミナーの情報も掲載されています。様々な太陽光施工業者が販売会セミナーを開催しています。こうした販売会に足を運び、営業マンと面談して物件情報をもらう方法も一般的です。一回目に足を運んだときは残念ながらご縁がなかったとしても、別の機会に再び参加したときに好条件の発電所があるかもしれません。

例えば、前回も今回も利回りはそう変わらなかったとしても、今回は土地の価値が高く、土地を売却する出口戦略を描けるといったケースもあります。まったく同じ不動産が存在しないように、同じ発電所も存在しません。

●土地から仕入れる

不動産業者を回り、太陽光発電所用地を紹介してもらって、まずは土地を購入してしまう方法です。その後、太陽光施工業者に見積もりをもらい、事業認定の申請を行い、権利（例えば2019年度なら売電単価14円）を確定させます。土日祝日に不動産屋巡りを続けていかなくてはなりませんので、サラリーマン投資家にはハードルが高いかもしれません。ただ、割安に土地を取得できれば、高利回りの太陽光発電所となる可能性を秘めています。

土地から仕入れる場合の注意点

●近くに電柱はあるか

ちなみに、土地から仕入れる場合、土地の敷地内あるいはすぐ近くに、柱上変圧器付きの電柱（写真参照）があるかどうかでコストが大きく違ってきます。柱上変圧器とは、電柱に金属製の固定具を介して取り付けて使用される変圧器で、円筒形の箱のような形状をしていることが多いです。

普通の電柱しかない場合や、そもそも近くに電柱自体が存在しない場合には、電力会社に支払う連系工事負担金（電力会社の電力網に太陽光発電システムを接続する系統連系を行うための工事に要する負担金）の額が高くなります。ざっくりとした目安ですが、敷地内に柱上変圧器付きの電柱がある場合には、太陽光パネルのワット数×1万円よりも安くなりやすいです。例えば、太陽光パネルが80kWであれば、80万円を超えないくらいです。

ちなみに、私の発電所の例では、敷地内に柱上変圧器付きの電柱があった二か所で、太陽光パネル約80ｋＷに対して、負担金はそれぞれ57万円、41万円でした。近くに電柱がまったくないような土地だと、敷地まで電柱を何本も敷設していかなければなりませんので、負担金が150～200万円もかかってしまうケースもあるようです。土地を探すときは、日当たりのよさに加えて、柱上変圧器付きの電柱の有無も、あわせて確認しておくとよいでしょう。

●市街化調整区域かどうかチェック

都市計画区域は、市街化区域、市街化調整区域、非線引き都市計画区域に分かれています。市街化区域とは、すでに市街地を形成している区域およびおおむね10年以内に優先的かつ計画的に市街化をはかるべき区域を指します。

市街化調整区域とは、市街化を抑制すべき区域を指します。非線引き区域とは、市街化区域と市街化調整区域とに区分されていない都市計画区域を指します。

太陽光発電所は地方の安い土地に設置されることが多く、市街化区域にある発電所は少ないです。市街化調整区域や非線引き区域の土地が多いです。このうち、市街化調整区域では、原則として建物を建てることができません。将来、土地を分筆して宅地として分譲するという出口を考えているのであれば、市街化調整区域内の発電所は避けるべきです。なお、非線引き区域の土地や、都市計画区域ではない土地であれば建築できる可能性があります。

土地が市街化調整区域にあるかどうかは、施工業者が提示してくる発電所の案件情報には、基本的に書いていません。将来の宅地分譲という出口を見据えるのであれば、発電所購入前に不動産業者や、施工会社の営業マンに聞いてみることをおすすめします。

●接道があるかどうかチェック

道路付けの状況も要確認です。土地を宅地分譲するという出口を考えるなら、建築基準法上の道路に接しているかどうか、つまり、住宅などを建築できるかどうかを確認すべきです。

●近くに十分な駐車スペースがあるか

また、自主管理するのであれば、発電所を設置する土地の近くに十分な駐車スペースがあるかどうかの確認も重要です。車1台がやっと通れるくらいの道路の場合、通行の妨げになるので発電所に車を横付けできないかもしれません。

自主管理する場合、車にたくさんの荷物を積んでいきます。荷物を発電所の中に運び込む必要があります。特に、草刈機は重量がありますので、車からの距離が遠くなると大変です。そのため、車を横付け可能な、ある程度広い道路に接している土地が理想です。また、自主管理する場合、特に夏場は暑いので、車に戻り冷房をかけて休憩する回数も増えますが、車まで遠いと正直つらいです。

自主管理せず、管理委託するのであれば、そこまで気にする必要はないかもしれませんが、それでも、購入前の現地確認や、運転開始後の定期的な視察の際、土地の近くに十分な駐車スペースがあると何かと便利です。

3 情報の入手後にすべきこと

太陽光発電所の案件情報をもらったら、簡易的な現地確認を行うとよいでしょう。住所地から、グーグルマップのストリートビューやグーグルアースを活用して現地の様子を確認しましょう。

例えば、グーグルマップにアクセスし、住所を入力します。すると、オレンジ色をした人型のアイコンが表示されます。このアイコン上にマウスカーソルをあわせてドラッグ（左クリックを押したままカーソルを移動）し、道の上でドロップする（クリックを離す）と、その場所のストリートビューを見ることができます。自分がその場所にいるかのように、360度、様々な方向の様子を確認することができるのです。

つまり、実際に発電所の現地に行かなくても、運がよければ、実際に訪問したかのように現地確認ができてしまうのです。ここで、運がよければと書いたのは、ストリートビューはすべての道をカバーしているわけではないからです。小さすぎる道などはデータがなく、発電所の土地の横までストリートビューで到達することができないこともあります。なお、ストリートビューの様子は現在のタイムリーな写真とは限りません。1年以上更新されていないこともありますので、必ずしも今の状態を反映しているわけではないことは認識しておいてください。

グーグルアースを活用しても、同じようにストリートビューで現地確認することができます。グーグルアースとグーグルストリートビューとでは、カバーされている範囲が微妙に違っていることがあります。一方からアクセスして現地確認できなかったとしても、もう一方を使って現地確認できたこともあります。両方を上手く活用するとよいのではと思います。

この簡単な現地確認を行うことで、発電所の土地に接道があるかどうか、駐車スペースがあるかどうか、発電所周辺に住宅が多いか、それとも山林しかないか、といった情報を知ることができます。

もちろん、ストリートビューによる確認だけではなく、前向きに検討するつもりなら実際の現地確認もしておきましょう。

第3章

4 売電シミュレーションをしてみる

野立て太陽光発電所の案件資料の中には、業者作成の売電シミュレーションが含まれています。しかし、シミュレーションの方法は業者によって様々です。強気のシミュレーションを出してくる業者もいれば、後々のクレームを恐れて弱気なシミュレーションを出してくる業者もいます。強気のシミュレーションを鵜呑みにするのは危険です。いつも同じ方法でシミュレーションできるように、自分の中で方法を確立させておくべきです。

売電収入の計算式

以下の計算式は、売電シミュレーション方法の一例です（ＮＥＤＯ（国立研究開発法人　新エネルギー・産業技術総合開発機構）の「太陽光発電導入ガイドブック」参照）。私は、以下の式を用いて自分でシミュレーションを行い、業者シミュレーションと比較するようにしています。過積載率１５０％くらいまでの発電所であれば、この式の通りにしてもよいかもしれません。

年間の売電収入予測値（税込）＝売電単価（円／kWh）（税込）×年間発電量（kWh）

年間発電量（kWh）＝1日の日射量（kWh／（㎡・日））×損失係数×太陽光パネル容量（kW）×年間日数（日）÷1（kW／㎡）

「1日の日射量」…物件所在地の1日の日射量。NEDO（国立研究開発法人　新エネルギー・産業技術総合開発機構）のデータベース（NEDO日射量データベース閲覧システム）で年間平均値を調べて取得する。パネルの設置角度、方位角にもよるが3・6〜4・2くらいの値となる。

「損失係数」…主にパワーコンディショナーやケーブルなどで生じる損失分を考慮するための係数。一律で80％、つまり0・8を使うことが多い（私は0・8の固定値にしています）。ちなみに、NEDO「太陽光発電導入ガイドブック」では0・73となっている。

「太陽光パネル容量」…例えば60kWの太陽光パネルであれば60を代入。

「年間日数」…1年間の日数。つまり365を代入。

1（kW／㎡）…標準状態での日射強度。数値上は1なので計算に影響なし。1なので無視されることが多いため、一見すると単位が合わないように思うが実はこれが省略されている。

「kWh」…キロワット時。1kWhは1キロワットの電力を1時間発電したときの電力量。

ただし、この計算式にも問題があります。NEDOのデータは2009年までの日射量データベースであり、最近のデータが反映されていません。また、計算式を見るとわかりますが、技術革新により太陽光パネルの性能はどんどんよくなっているにも関わらず、太陽光パネルの性能は考慮されていません。

また、発電性能がよい日本製の太陽光パネルも、外国製の割安な太陽光パネルも区別していないのです。あくまでも、太陽光パネルの容量がどのくらいかで計算しています。こうした点に留意した上で計算式をご活用ください。

【事例問題】

「設置先住所：千葉県香取市、売電単価：税別18円、太陽光パネル：60ｋＷ、パワーコンディショナーの容量：49・5ｋＷ、傾斜角度：30度、方位角：真南」の太陽光発電所の年間売電収入予測値Ｘは？（香取市の日射量3・93を使用、消費税は8％として計算）

■年間発電量（ｋＷｈ）

＝1日の日射量（ｋＷｈ／（㎡・日））×損失係数×太陽光パネル容量（ｋＷ）×年間日数（日）÷1（ｋＷ／㎡）

＝3・93×0・8×60×365÷1

＝6万8853（ｋＷｈ）

■年間の売電収入予測値（税込）

＝売電単価（円／ｋＷｈ）（税込）×年間発電量（ｋＷｈ）

＝18×1・08×68853

＝約133・9万円

このシミュレーション方法は、太陽光パネルの容量がパワーコンディショナーの容量に対して150％（すなわち過積載率150％）程度までであれば、このまま適用してもよいかもしれません。しかし、過積載率が150％を超えてくると、過積載に起因するピークカットを考慮する必要があります。

日射量（kWh／（㎡・日））の求め方

売電収入の計算式の中に登場する「日射量」。この値の求め方は次の通りです。事例問題1で取り上げた千葉県香取市（傾斜角30度、方位角真南）を例に、日射量の求め方を説明します。傾斜角とは太陽光パネルの設置角度のことです。10度から40度の間が多いです。積雪地域では雪が積もらないように急な設置角度になることが多いです。

①まず、NEDOの日射量データベース閲覧システム（WEB版）にアクセスします（http://app0.infoc.nedo.go.jp/）（96ページ写真①参照）。※2020年10月にWEB版が終了し、以降はダウンロード版（https://www.nedo.go.jp/library/nissharyou.html）のみ利用可能となっています。

②年間月別日射量データベース（MONSOLA-11）をクリックします。すると、写真

②（96ページ）の画面になります。日本地図と、その右にエリア（地名の一覧）が表示されます。

③太陽光発電所の所在地に最も近い地図上の地点にマウスカーソルを移動してクリックすることで選択するか、エリアの地名一覧から地点を直接選択します。ここでは千葉県香取市を選択します。選択後、「この地点のグラフを表示」をクリックします（97ページ写真③参照）。

④画面左上の表示データ選択から、「角度指定」を選択します。

さらに、角度指定データの表示種類から「任意の指定」を選択し、傾斜角（今回は設置角度30度）、方位角（今回は真南なので0度）を選択します。すると、右側の斜面日射量グラフの中に日射量の年間平均値（今回は3・93）が表示されます。これが求める日射量となります（97ページ写真④参照）。

最初は戸惑うかもしれませんが、慣れると意外と簡単です。なお、日射量データベースに記録されている情報は、離散的な地点の情報です。そのため、発電所の所在地が、複数の地点の中間付近にあり、どちらの地点を選択すればよいか迷ってしまうこともあるかも

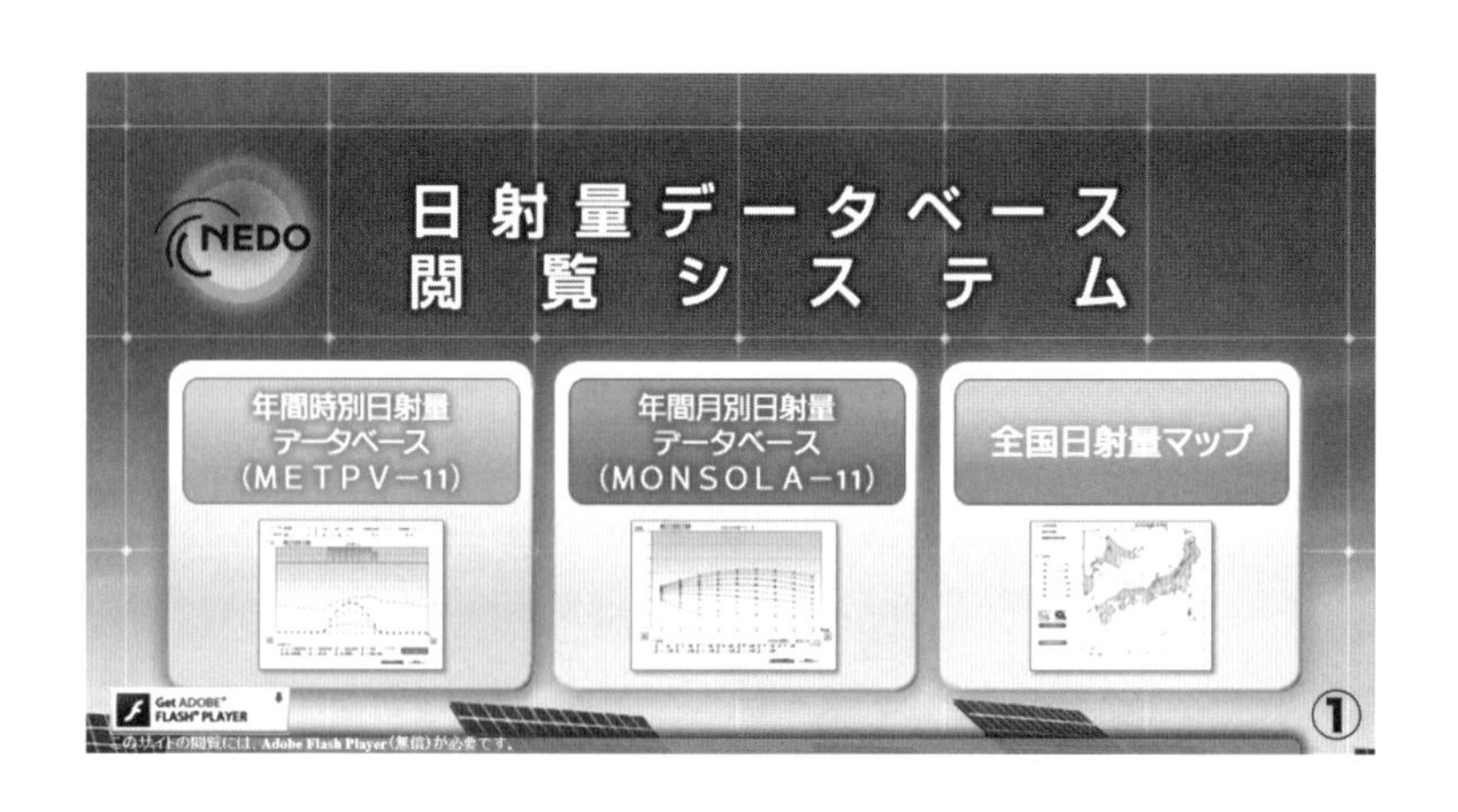
NEDO
日射量データベース
閲覧システム
年間時別日射量
データベース
(METPV−11)
年間月別日射量
データベース
(MONSOLA−11)
全国日射量マップ
Get ADOBE FLASH PLAYER
このサイトの閲覧には、Adobe Flash Player(無償)が必要です。
①

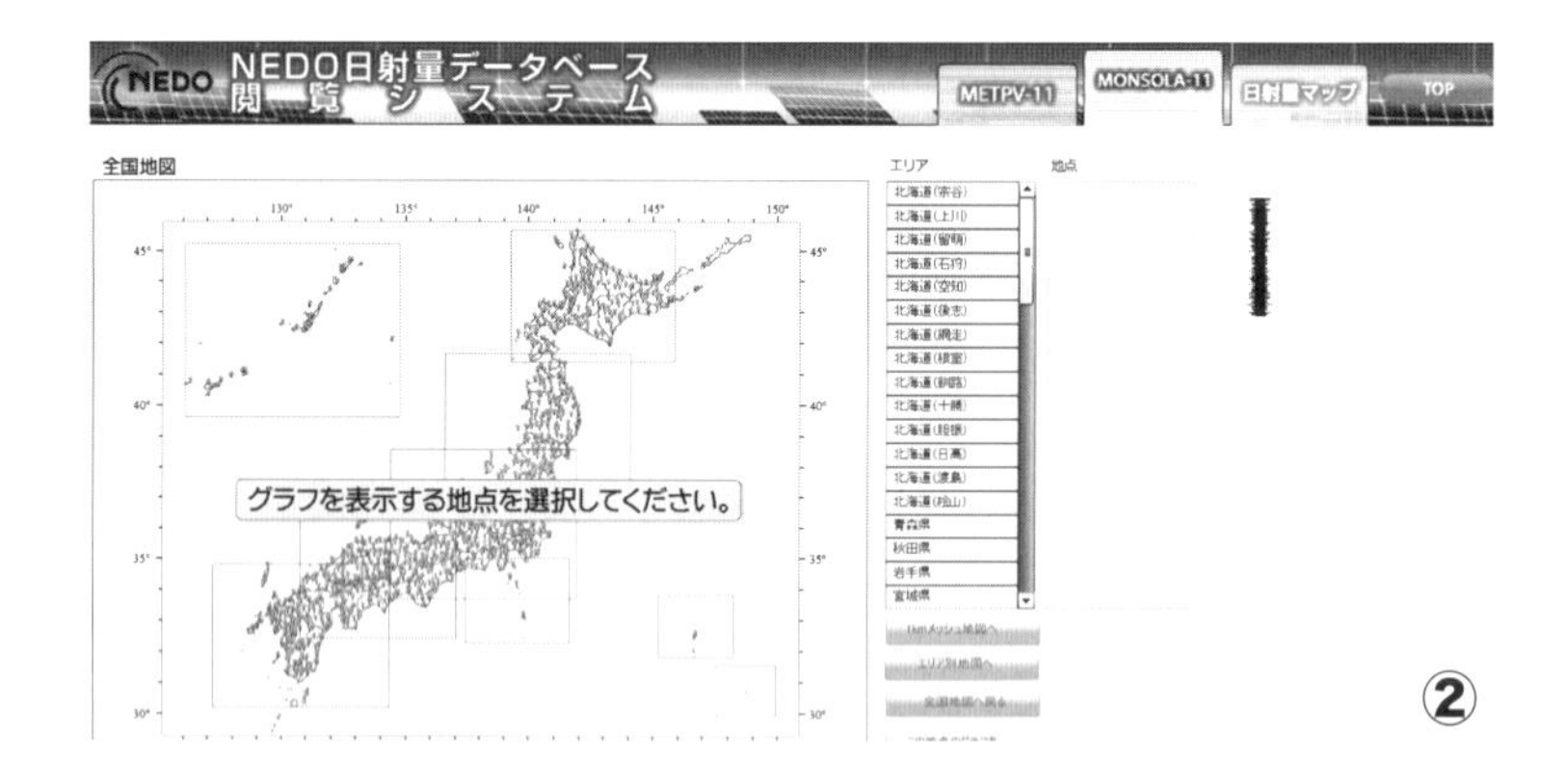
NEDO
NEDO日射量データベース
閲覧システム
METPV-11
MONSOLA-11
日射量マップ
TOP
全国地図
グラフを表示する地点を選択してください。
エリア
地点
北海道(宗谷)
北海道(上川)
北海道(留萌)
北海道(石狩)
北海道(空知)
北海道(後志)
北海道(網走)
北海道(根室)
北海道(釧路)
北海道(十勝)
北海道(胆振)
北海道(日高)
北海道(渡島)
北海道(檜山)
青森県
秋田県
岩手県
宮城県
②

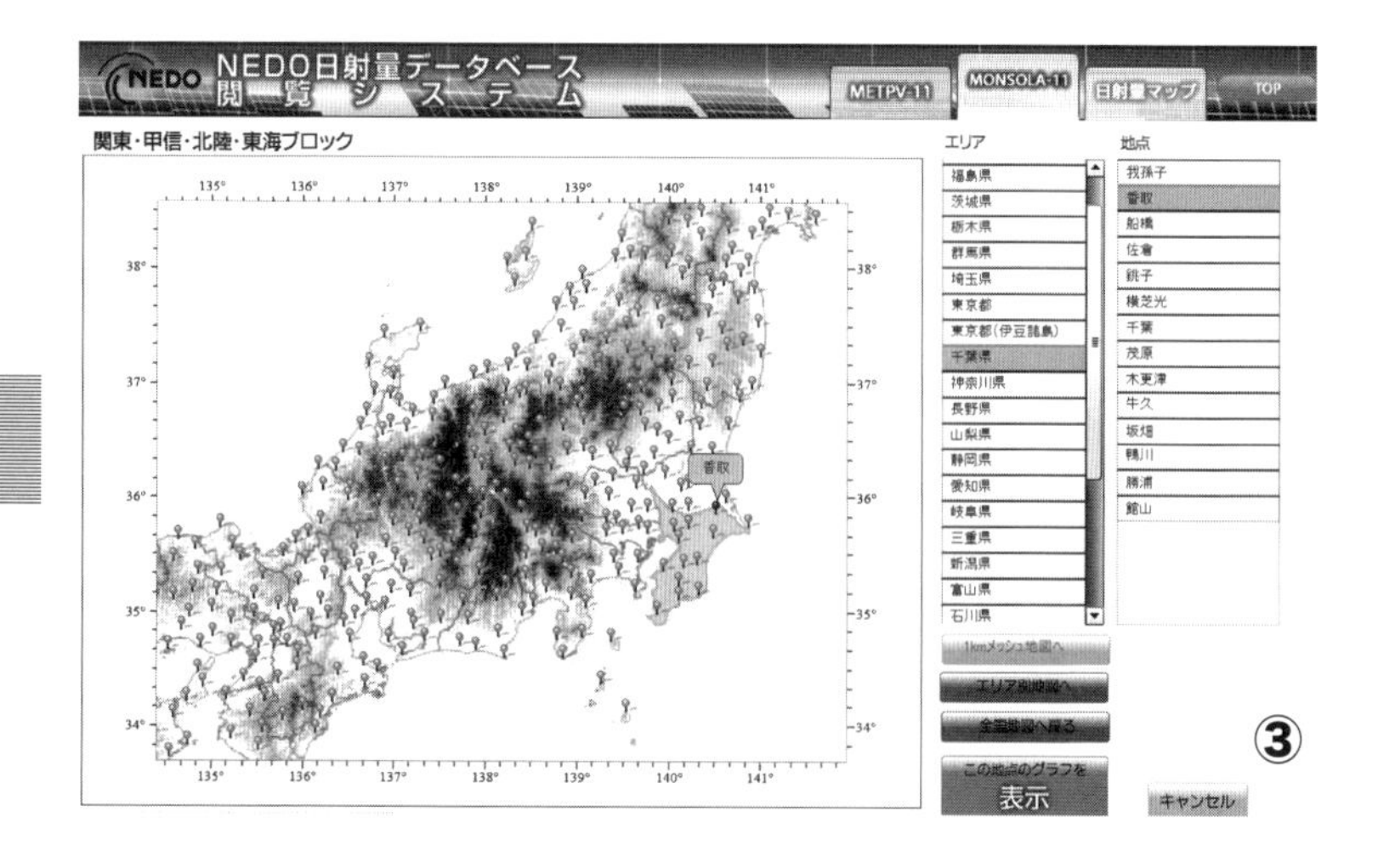
NEDO日射量データベース閲覧システム
METPV-11
MONSOLA-11
日射量マップ
TOP
関東・甲信・北陸・東海ブロック
エリア
地点
福島県
茨城県
栃木県
群馬県
埼玉県
東京都
東京都(伊豆諸島)
千葉県
神奈川県
長野県
山梨県
静岡県
愛知県
岐阜県
三重県
新潟県
富山県
石川県
我孫子
香取
船橋
佐倉
銚子
横芝光
千葉
茂原
木更津
牛久
坂畑
鴨川
勝浦
館山
香取
この地点のグラフを表示
キャンセル
③

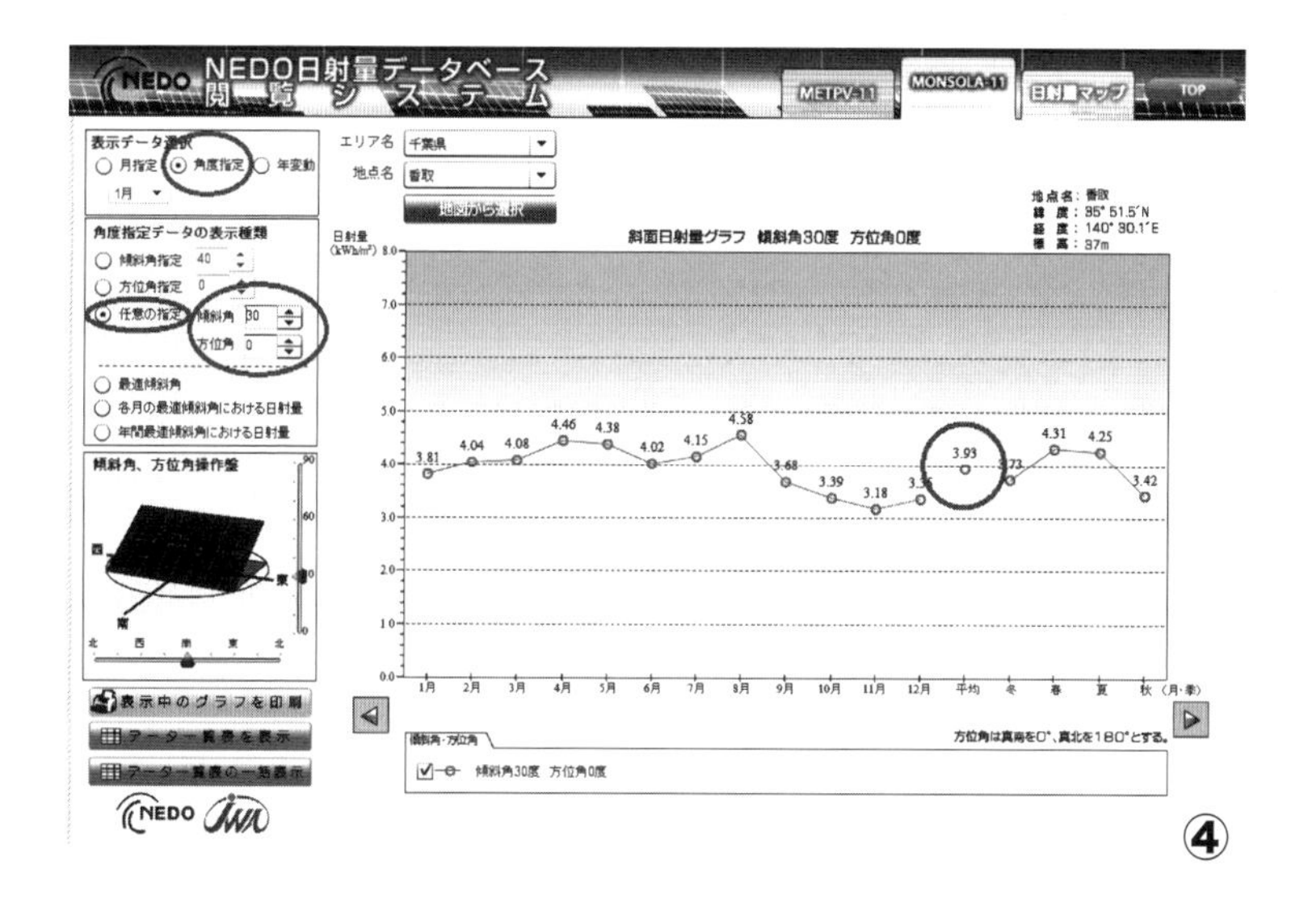
NEDO日射量データベース閲覧システム
METPV-11
MONSOLA-11
日射量マップ
TOP
表示データ選択
月指定
角度指定
年変動
1月
角度指定データの表示種類
傾斜角指定
方位角指定
任意の指定
傾斜角 30
方位角 0
最適傾斜角
各月の最適傾斜角における日射量
年間最適傾斜角における日射量
傾斜角、方位角操作盤
表示中のグラフを印刷
エリア名 千葉県
地点名 香取
地図から選択
斜面日射量グラフ 傾斜角30度 方位角0度
3.81
4.04
4.08
4.46
4.38
4.02
4.15
4.58
3.68
3.39
3.18
3.93
4.31
4.25
3.42
1月
2月
3月
4月
5月
6月
7月
8月
9月
10月
11月
12月
平均
冬
春
夏
秋
(月・季)
方位角は真南を0°、真北を180°とする。
傾斜角30度 方位角0度
④

しれません。その場合、最も近い地点の日射量を採用してもよいですし、複数地点のそれぞれで日射量を求め、それらの平均値を採用してもよいと思います。

NEDOデータに一致する傾斜角、方位角がない場合の対処法

また、傾斜角は10度単位、方位角は15度単位でしか指定できません。そのため、例えば傾斜角が15度の発電所の場合、傾斜角10度の場合に求めた日射量と、20度の場合に求めた日射量との平均値を求め、平均値を使用してもよいでしょう。

方位角が20度（真南から20度傾いている）の発電所についても、同様に、方位角15度の場合に求めた日射量と、方位角30度の場合に求めた日射量とから求めるしかありません。真南に近いほうが日射量は大きくなるので、方位角15度から方位角30度に向かうにつれて単調に日射量が減少していくものと決め打ちしてしまう方法が考えられます。

具体的には、同じく香取市で、傾斜角（設置角度30度）、方位角（20度）の場合を考えてみます。方位角が15度の場合は日射量が3・91となり、方位角が30度の場合は3・84となります。線形近似してしまうと、20度の場合、3・887くらいの値でしょうか。この値を使用すればよいでしょう。

売電シミュレーションと売電収入実績値

売電収入の計算式は、どの程度正確なのでしょうか。以下は、売電収入の計算式で予測した年間の売電収入予測値と、太陽光発電所で1年間売電が継続した後の売電収入実績値との比較例です。所有している千葉県八街市の発電所での実際の事例です。

ほぼ隣接した位置で運営中の発電所2基の実績です。二つの発電所はパネル容量、パワコン容量、メーカーが同一であり、周辺環境もほぼ同じです。左記は発電所1基あたりのスペックです（二つの発電所A、Bともに同じ条件です）。パワコン容量に対してパネル容量を増やす、いわゆる過積載の発電所ではありません。

売電単価：36円（税抜）

パネル容量：52kW（単結晶）

パワコン容量：49・5kW（5・5kW×9台）

パネル傾斜角：20度

方位角：45度（南東）

1日の日射量（kWh／（㎡・日））＝3・7（最も近い千葉県佐倉市のデータを参照）

周辺環境：電柱の影がかかる時間帯があるが、そのほかの影の影響はなし

この条件の下では、年間発電量（kwh）＝3・7×0・8×52×365＝56180・8となります。したがって、年間の売電収入予測値（税込）＝36（売電単価）×1・08（消費税）×56180・8（年間発電量）＝約218万円となります。

これに対して、実際の売電金額（税込での売電額）は以下の通りでした。

●**発電所A**

5月：20万1152円
6月：28万7556円
7月：23万6818円
8月：19万8482円
9月：20万9135円
10月：20万5053円
11月：11万6440円
12月：15万5325円

1月：12万178円
2月：14万3350円
3月：20万7337円
4月：19万5216円
合計：226・8万円（予測値比103・8％）

●発電所B

5月：19万9298円
6月：28万9850円
7月：23万7595円
8月：17万5387円
9月：23万2852円
10月：20万6219円
11月：11万7106円
12月：15万6997円
1月：12万2005円

２月：14万８２１０円
３月：20万５５５８円
４月：19万７１６０円
合計：２２８・８万円（予測値比１０４・７％）

発電所Ａ、Ｂ共にほとんど差がなく、どちらも予測値よりも少しだけ上振れる結果となりました。１割くらい上振れしてくれないかなと期待していましたが、このような結果に落ち着きました。この事例だけでは断言はできませんが、それなりの精度で売電収入を計算できているように思います。

5 過積載の売電シミュレーション方法は？

過積載の発電所の場合は、過積載率に応じて、計算式にピークカット率の補正をかけます。過積載率が１５０％で売電減少率が２％、１６０％で４％、１７０％で６％、１８０

％で８％、２００％で11〜12％程度が一例です。必ずしもこの値になるとは限りません。あくまでも一例にすぎないという前提で補正をかけてみてください。例えば、過積載率２００％の発電所だった場合にピークカット率を12％とすると、計算式で算出した売電収入予測値×（１００－12）／１００によって補正をかけます。

ちなみに、過積載率１５０％までなら計算式をそのまま適用してもよいかもしれないと書いた（90ページ参照）のは、紹介した計算式は少し安全側に振れたシミュレーションだからです。過積載率がそれほど高くなければ、計算式の売電収入予測値よりも実際の売電額のほうが多くなる傾向にあります。

売電シミュレーションvs売電収入実績値（過積載の場合）

こちらは過積載の太陽光発電所での比較例です。所有している千葉県長生郡の発電所での実際の事例です。パワコン容量35・４ｋＷに対してパネル容量60・４８ｋＷなので過積載率は約１７０％（＝売電減少率約６％）です。

売電単価：24円（税抜）

第３章

パネル容量：60・48kW（単結晶）
パワコン容量：35・4kW（5・5kW×9台）
パネル傾斜角：10度
方位角：15度（南東）
1日の日射量（kWh／（㎡・日））＝3・69（最も近い千葉県茂原市のデータを参照）
周辺環境：ほぼ影の影響なし

この条件の下では、年間発電量（kWh）＝3・69×0・8×60・48×365＝65165・9kWhとなります。したがって、年間の売電収入予測値（税込）＝24（売電単価）×1・08（消費税）×65165・9（年間発電量）＝約169万円となります。そして、過積載率170％の売電減少率6％をさらに考慮すると、過積載考慮後の年間の売電収入予測値（税込）＝169×0・94＝約159万円となります。

これに対して、実際の売電金額（税込での売電額）は以下の通りでした。

●発電所C

1月：10万7853円
2月：13万8205円
3月：12万7319円
4月：13万1777円
5月：16万1974円
6月：18万8930円
7月：16万9905円
8月：16万4903円
9月：21万1688円
10月：15万3912円
11月：10万4094円
12月：9万8703円
合計：175・9万円（予測値比110％）

この発電所では1割の上振れとなりました。この結果をどう捉えるべきか悩ましいところですが、過積載率170％でもピークカットによる売電の減少の影響は小さいのかもしれません。

土地面積が限られている場合は太陽光パネルの設置角度を工夫

太陽光発電所は、限られた面積の土地で、いかに発電量を増やすかが大事になります。太陽光パネルの発電量は急勾配（30～40度）で最も発電効率がよくなりますので、できることなら30度くらいの設置角度が望ましいといえます。しかし、30度の角度で太陽光パネルを設置すると後ろに伸びる影が長くなります（図3－1）。この太陽光パネルの後ろに設置される別の太陽光パネルに影がかからないようにするためには、ある程度の間隔をあけなくてはなりません。そのため、急勾配にするには広い土地面積が必要になります。土地面積が狭いと十分な数の太陽光パネルを設置することができないのです。

〈図3－1〉 太陽光パネルの傾斜角と発電効率の関係

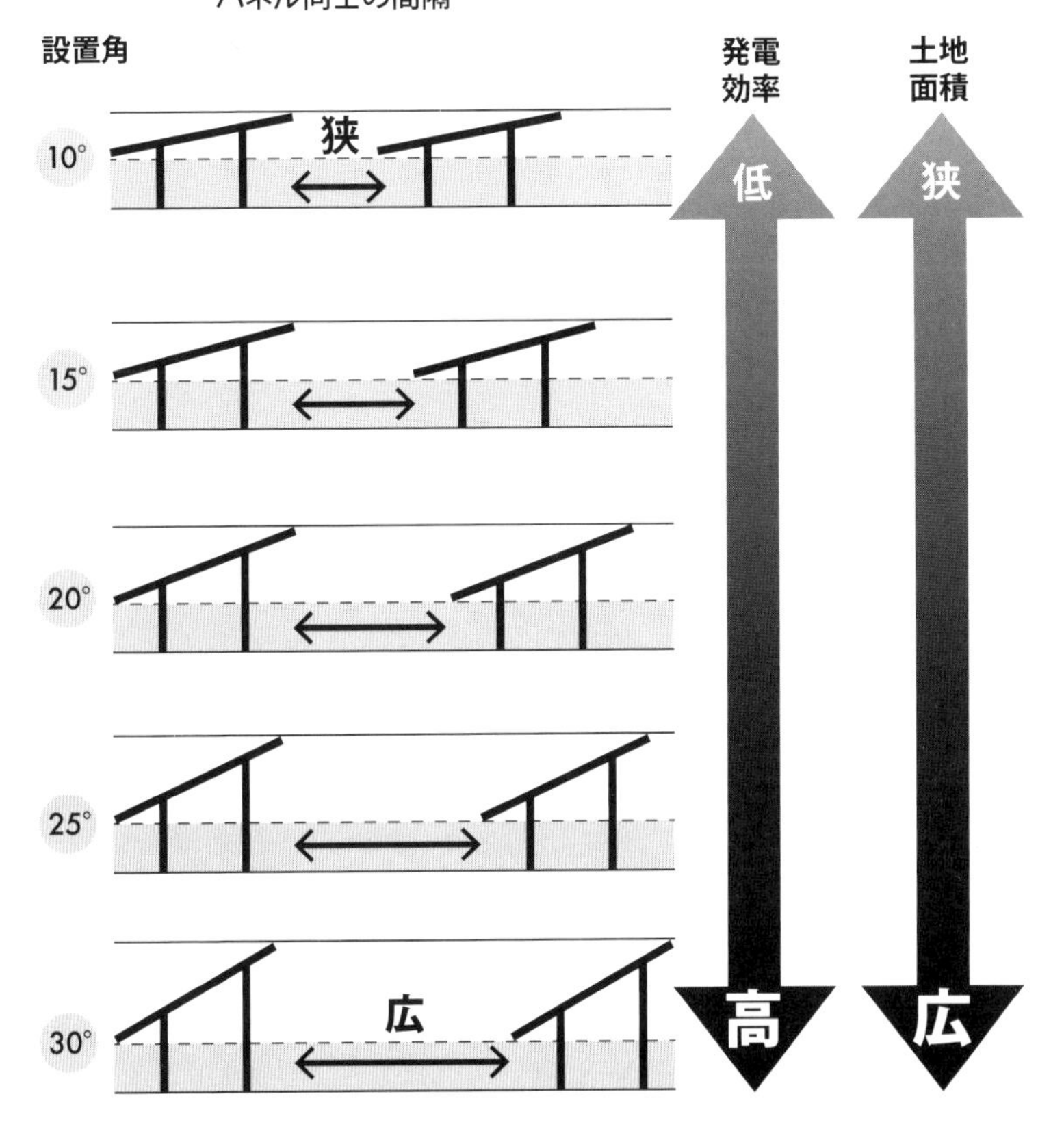

そこで、限られた土地を有効に活用するために、設置角度を10度くらいにし、後ろに伸びる影の長さを短くすることで、後ろのパネルとの距離を詰め、多くのパネルを敷き詰めて過積載の発電所を構成するのが一般的です。積雪地域では、もう少し急勾配にしないと雪が落下しないので10度だとあまりよくないかもしれませんが、積雪があまりない地域では30度の設置角度よりも10度程度の緩い設置角度の発電所が主流になっているように思います。

太陽光発電投資で発生する費用は？

土地の固定資産税（または賃料）

土地の固定資産税は土地を購入した場合に発生する費用（毎年）で、年間2～10万円程度が多いでしょう。なお、土地を購入した場合は、初年度に1回だけ不動産取得税がかかります。

土地賃料は土地を20年間などの期間、地主さんから借りた場合にかかる費用です。発電所購入時に20年分を一括して支払うケースもあれば、毎年支払っていくケースもあります。年間6～20万円程度の印象です。土地の貸主は固定資産税を支払うので、その分が上乗せされるため、固定資産税そのものよりも高くなりやすいです。

設備にも税金？　償却資産税をお忘れなく

見落としがちですが、太陽光発電設備にも償却資産税という税金がかかります。設備額にもよりますが、年10～25万円程度です。17年で償却するため、年次が経過するほど減少していきます。初年度が最も高額です。なお、太陽光発電所を設置する自治体によっては償却資産税の軽減措置（例えば当初3年間は免除など）があったり、国の制度を活用することで軽減措置を受けたりできる場合があります。

パワーコンディショナーの電気代

売電しているのに電気代を支払うのかと不思議に思った人もいるかもしれません。売電の際にはパワーコンディショナーが電柱へ向けて直流から交流に変換して出力しています。

このパワーコンディショナーは電力会社から購入した電気で動いており、そのため電気代の支払いが発生するのです。49・5kWのパワコン容量の発電所の場合、ざっくり毎月2000～2500円程度の電気代がかかります。年間に直すと、2・5～3万円の支出となります。ただし、これは定額電灯契約の場合です。従量電灯契約に切り替えることで毎月200～300円程度に電気代を削減できます。

発電監視システムの電気代・通信料

売電状況を監視する発電監視システムを導入している場合、そのシステムが動作するための電気代もかかります。また、システムで蓄積したデータを通信で送信するため、毎月通信料（1000～3000円程度）がかかることもあります。毎月の通信料がかからない場合もありますが、その場合は、通信料まで込み（例えば10年間通信料無料のサービス付き）の価格でシステムを購入しているはずです。

管理費

太陽光発電所の管理を業者に委託する場合、毎月1万円程度の管理費がかかります。目視点検、駆け付けサービスなどが含まれることは多いものの、この金額には、草刈り（除草）費用、パネル洗浄などは含まれておらず、別途必要なことが多いです。電気系統の点検も別途費用がかかることもあります。

管理委託する場合は、どのサービスが付いてくるのかを確認する必要があります。草刈りも行ってくれるものだと思っていたのに…と後悔するのは避けたいものです。

草刈り費（除草費）

草刈り費用は業者に依頼すると一つの発電所あたり5～10万円かかります。実際に自分で発電所を草刈りするとわかりますが、かなりの重労働です。防草シートがない場合は特に大変です。管理業者がこのくらいの金額を請求したくなる気持ちもわかります（笑）。

動産総合保険料

動産総合保険料は、太陽光発電所の購入時にセットで加入することが多いです。特定の信販会社のソーラーローンを利用した場合は、動産総合保険が付帯していますので、別途かかることはありません。また、施工業者が保険もセットに組み込んで販売してくれることも多いです。ただし、どちらの場合でも10年の期間が多く、11〜20年目にはもう一度動産総合保険に加入する必要があるでしょう。

つまり、最初の購入時には別途支払う必要はないものの、10年後に支出が発生することを想定しておかなければなりません。

その他の保険料

また、休業損害補償保険、出力制御保険（出力抑制保険）、施設賠償責任保険、地震保険などに加入する場合、さらに保険料がかかります。

先端設備等導入計画の認定により太陽光設備の固定資産税（償却資産税）が3年間ゼロに？

太陽光発電投資の経費の中でも比較的大きなウエイトを占めるのが、前述した設備の固定資産税（償却資産税）です。

実は、設備の固定資産税（償却資産税）の減免措置が用意されています。先端設備等導入計画の認定を受けることで、設備の固定資産税の課税標準額が3年間ゼロ〜2分の1になります。つまり、当初3年間、償却資産税がほぼゼロになる可能性があります。

この制度は、国から「導入促進基本計画」の同意を受けている市区町村において、新たに設備を導入する中小企業者（個人事業主も含む）が対象となります。つまり、野立て太陽光発電所に投資しているサラリーマン投資家は、自身の所有法人であればもちろん、個人事業主として登録を受けていれば個人でも減免措置を受けることが可能です。なお、市区町村によって3年間ゼロ、2分の1といった減免の程度が異なるようです。

ただし、すべての市区町村で制度を利用できるとは限りません。中小企業庁のホームページ（https://www.chusho.meti.go.jp/keiei/seisansei/2019/190529seisansei.htm）では市区町村一覧をエクセルデータで公開していますので、事前にご確認ください。例えば、ネットで「中小企業庁　先端設備等導入に伴う固定資産税ゼロの措置を講じた自治体」と検索すると上位表示されます。かなりの数の市区町村が対応しています。

新規に太陽光発電所を購入する場合は、この制度の利用を検討すべきです。ただし、注意点が一つあります。それは、太陽光発電設備を取得する前に市区町村から先端設備等導入計画の認定を受けなければならない点です。設備取得後だと減免措置を受けることはできません。設備取得前に認定を受けるためには、かなりタイトなスケジュールで動かなければならないかもしれません。設備取得とはどの時点を指しているのか明確ではありませんが、客観的に日付が明確なのは連系時点（売電開始時点）です。少なくとも連系前に認定を受けておきたいところです。

手続きの詳細は、中小企業庁が公開している「先端設備等導入計画策定の手引き」をご参照ください。先端設備等導入計画の申請書の記入例も公開されています。また、市区町村のホームページにも手続きの説明があると思います。おおまかな手続きの流れは、次の通りです。

①太陽光発電設備（太陽光パネル、パワーコンディショナー）について工業会の証明書を入手
②認定支援機関（税理士、中小企業診断士、商工会議所、一部の金融機関など）の確認書を入手
③先端設備等導入計画の申請書を作成
④前記①、②、③の書類をそろえて市区町村へ郵送（自治体によっては納税証明書なども）
⑤認定書が返送されてくるので保管

工業会の証明書は施工業者経由で申請してもらいました。3週間ほどで証明書が郵送されてきました。また、認定支援機関は自宅近くの商工会議所にお願いしました。手引きを参考に先端設備等導入計画の申請書を事前に独力で作成し、商工会議所に出向いて説明を行い、先端設備等導入計画の内容を確認したことを示す確認書（A4サイズの用紙1枚）をもらいました。確認書の入手に1週間ほどかかりました。そして、書類一式を郵送し、審査結果が返ってくるまでは数日でした。

ただし、設備取得時期が迫っていることを市区町村の担当者に事前に伝えていたおかげで急いで審査してくれたのだと思います。通常はもっと時間がかかるでしょう。今回の私のケースでは、全体で1か月半ほどかかった計算です。意外と時間がかかりますので、連系間近の発電所を購入する場合には、余裕をもって申請手続きを進めておく必要があります。

なお、市区町村の担当者に確認したところ、先端設備の認定を受けた機械設備（私の場合は、太陽光パネル、パワーコンディショナー）だけが固定資産税（償却資産税）の減免措置の対象であり、発電所を構成する架台、ケーブル類などその他の設備については認定を受けていないので対象外となるようです。そのため、設備の固定資産税が完全に3年間ゼロになるわけではなさそうですが、インパクトが大きい措置なので利用すべきだと思います。

8 パワーコンディショナーの交換費用は？

パワーコンディショナーの耐久年数は10～15年くらいと言われています。20年の売電期間のうちに、1回はパワーコンディショナーを交換する必要があるかもしれません。10年目にパワーコンディショナーを交換する必要があるかはわかりませんが、全交換を前提に、売電収入の一部を積み立てていくことをおすすめします。一部の部品だけの交換で済めばラッキーですが、それでも20年間にわたって動き続けるのは難しいかもしれません。備えあれば憂いなしです。

ただ、パワーコンディショナーの交換費用は、過積載ではない発電所ほど、安く済む可能性があります。特に、売電単価が40円、36円時代の昔の発電所は、太陽光パネルの容量50ｋＷほどに対して、パワーコンディショナーの容量49・5ｋＷの組み合わせが多かったです。今主流の過積載の発電所から考えると、パワーコンディショナーの容量がもっと少なくても発電量はそう変わらないと考えられます。

1台5・5kWのパワーコンディショナーなら、6〜7台で構成し、合計33〜38・5kWの範囲で十分だったかもしれません。当初は9台で49・5kWのパワーコンディショナーの容量だとすると、将来の交換時に2〜3台減らすことができる可能性があります。パワーコンディショナーの価格は、昔は1台30〜40万円もしましたが、すでに十数万円台まで下がってきています。今後も価格は下がっていくでしょうから、パワーコンディショナーを全交換したとしても100万円かからないかもしれません。

9 将来の設備撤去費用を積み立てる

2018年7月23日より、定期報告（運転費用報告）の中で、10kW以上の産業用太陽光発電所のすべてについて廃棄費用（撤去及び処分費用）に関する報告（廃棄費用の積立計画・進捗報告）が義務化されています。

固定価格買取制度の売電期間である20年が経過した後に、売電を止めて設備を撤去する人もいるでしょう。また、21年目以降も市場価格で売電を継続できる可能性もありますが、それでもいつかは売電を止めて設備を撤去するときがやってきます。そのときに備えて、設備の撤去費用を積み立てておく必要があります。一体いくらかかるのかはわかりませんが、一つの発電所につき50~100万円くらいは準備しておきたいところです。

ちなみに、太陽光発電所の購入時に、20年後に施工業者が設備を撤去する特約が付いている場合があります。同様に、土地が賃貸の太陽光発電所を購入する場合は、地主が20年後に設備を撤去する特約が付いている場合もあります。こうした契約がある場合、撤去費用を積み立てなくていいやと思ってしまうかもしれません。しかし、20年後の約束を守れる人って、どのくらいいるでしょう。企業が20年後も生き残っている確率はどのくらいでしょうか。また、地主は20年後も生きているでしょうか。

相続が起こった場合、相続人は「そんな契約、聞いてないよ」と設備撤去費用の拠出を拒んでくる可能性もあるのではないでしょうか。たとえ契約が有効であっても、相手方に支払い能力がなければ無意味です。

20年後の約束は「守ってもらえたらラッキー」くらいに考えておき、設備の撤去費用は自分でしっかりと積み立てておいたほうが、将来の不安を残さずに済むと思います。

また、ある施工業者の社長に聞いた話ですが、設備の撤去費用はゼロにできる可能性もあるようです。太陽光パネルはアジアの新興国に売れる可能性があり、架台はアルミやステンレスでできており、こうした金属は高値で売却できるようです。

パワーコンディショナーはさすがに売れないかもと言っていましたが、太陽光パネルや架台の金属の売却により撤去費用はほとんどかからない可能性もあるようです。ただ、これも鵜呑みにはせず、しっかりと撤去費用の積み立てをしていきましょう。

10 屋根載せ太陽光発電所でも条件次第で高利回りに

不動産投資家の中には、所有物件のアパートの屋根に産業用（10kW以上）の太陽光発電所を設置している人もいます。私も、所有物件の屋根に太陽光パネル容量で25kWほどの発電所を設置するために、事業認定を取得しました。その際、複数社に見積もりを依頼しましたが、最もよいもので11%後半の表面利回りでした。

思ったよりも利回りが伸びなかった理由は、高所作業車（クレーン車）代がかかってしまったためです。高所作業車代の影響で利回りが0・5％ほど低くなってしまったのです。

例えば2階建てのアパートなどでは、高所作業車は不要なので費用は少なくて済みます。もし私の所有物件が2階建てだったとしたら、結果として表面利回り12〜13％の間になっていました。低層の物件ほど、高利回りの太陽光発電所となりますね。

また、もう一つ、屋根の面積が広い大型物件ほど、スケールメリットにより、利回りを高くすることができます。屋根に40〜50kWの太陽光パネルを敷きつめることができれば、もはや野立て太陽光発電所と変わらない規模です。

設置可能なパネル容量が大きければ、屋根の上でも過積載の効果が発揮されやすくなり、作業費も割安に施工することができます。10〜20kWの規模の屋根よりも、40〜50kWの規模の屋根のほうが1％くらい利回りを高くすることができる可能性を秘めています。

このように、広い屋根を持つ低層の大型物件ほど、屋根載せ太陽光発電所は高利回りになりやすいといえます。

11 太陽光パネルの劣化を考慮する

売電シミュレーションの計算式の一例を説明しましたが、これは初年度の売電収入予測のための式です。太陽光パネルは経年劣化していき、次第に発電量が低下していきます。そのため、20年間にわたり、毎年の売電収入額を、パネル劣化を考慮して補正して計算しておかねばなりません。

毎年0・5％の出力低下を想定するのが一般的です。つまり、初年度の売電収入予測値が200万円だとすると、2年目は200万円×99・5％＝199万円、3年目は、200×99％＝198万円、といった具合です。実際に0・5％も低下するかというと、そうでもないのが実感です。実際よりもストレスをかけた補正であるように思います。また、よりストレスをかけるために、毎年0・7％の出力低下を想定している業者もいます。

12 消費税増税で逆に収入アップ!?

消費税の増税は嫌だなと思う人がほとんどだと思います。しかし、太陽光発電所を所有している投資家にとっては、消費税が上がると嬉しいのです。消費税還付を行うために、一時的に課税事業者となっている場合、消費税は納税しなければなりませんので嬉しくないのですが、消費税還付をせず、免税事業者である場合は、消費税込みで売電収入が振込まれ、消費税分も自分のものになります。そのため、免税事業者である場合、消費税が上がると、上がった分だけ自分の収入が増えるのです（詳細は第6章第3項参照）。

ちなみに、課税事業者、免税事業者というのは、法人だけではなく個人事業主であっても当てはまります。私は、個人事業主としても太陽光発電事業を行っており、消費税還付を行うために課税事業者の選択届を提出しました。そのため、現在は課税事業者であり、売電収入のうちの消費税分は納税しています。

しかし、一定期間が経過すると免税事業者に戻すことができるので、戻した後は消費税分も手残りとなります。消費税増税による収入アップが、パネルの経年劣化による売電収入の減少を相殺し、さらにプラスをもたらしてくれるでしょう。

13 「電柱使用料」という臨時収入も！

所有している発電所の敷地内に電柱が立っている場合、電柱の設置による土地使用料が電力会社から振り込まれます。電力会社によって金額は違うかもしれませんが、東京電力では電柱1本につき1500円／年の収入となります。発電所の敷地内に電柱があるケースは、結構多いのではないでしょうか。

私の場合、所有する発電所の半分以上で敷地内に電柱が立っています。それほど大きな金額ではないかもしれませんが、電柱が何本かあれば、パワーコンディショナーの電気代1か月分くらいを賄うことができます。発電所設置による意外な副収入です。

ちなみに、新設ではなくもともと敷地内に電柱があったような場合、元の土地所有者に振り込まれるようになっているかもしれません。その場合は、必ずしも今回のような案内は来ません。敷地内に電柱がある場合は、電力会社に土地所有者が変わったことを知らせたほうがよいかもしれません。

積雪地域でも設置できる

積雪地域の太陽光発電所の購入を検討する場合、いくつか注意点があります。これらの注意点をクリアすれば購入もアリだと思います。

太陽光パネルに雪が積もると発電しない

当然のことですが、太陽光パネルの上に雪が積もると、その間はまったく発電しません。たとえ晴れていても売電はゼロになります。売電シミュレーションの計算式で用いた「日射量」の値は、積雪による売電ゼロの時間についてはまったく考慮されていません。

つまり、計算式で算出した売電収入予測値に対して、さらに補正をかけなければなりません。これを自分でシミュレーションするのは困難です。業者のシミュレーションでどの程度、積雪の影響が考慮されているかを確認する必要があります。

積雪地域の太陽光発電所は大型化するので管理が大変かも？

積雪地域の太陽光発電所は積雪を考慮し、太陽光パネルの傾斜角が30～40度の急勾配かつ大型のものが多いです。雪の重みに耐えられるように架台も太く強靭なものが使用されており、雪に埋もれないように高さも高く設計されています。

大型化すると困るのが管理です。積雪地域の発電所の管理費は高めになります。深い雪のなか、現地に到達するだけでも大変ですし、パネルの上のほうにはとても手が届きません。管理がしにくいのが実情なのです。自主管理は難しいでしょうから、リーズナブルな管理費でメンテナンスをしてくれる業者がいるかどうかが重要です。

15 塩害は太陽光発電所の天敵！

太陽光発電所の設置に適さない地域があります。海から近い土地の場合、塩害の影響を考慮しなければなりません。塩害とは、電気機器の表面や内部機器に対して、塩分を含む風や雨、汚れなどが侵入し、腐食や錆が発生する被害のことです。特に海岸からの距離が５００ｍまでの範囲を、重塩害地域といいます。発電所の設置場所が、この範囲に含まれていないかどうか確認し、なるべくなら重塩害地域は回避すべきです。なお、５００ｍ以上の距離があっても、１～７㎞程度までの範囲が塩害地域に含まれます。

塩害の影響を受けると、架台や太陽光パネルなどが錆びるのが早くなり、太陽光パネルに汚れが付着しやすくなり、太陽光発電所の設備の劣化が早まります。最近では塩害対策を施した太陽光パネル、パワーコンディショナーなども登場していますので、塩害地域であっても設置可能な場合もあるようです。気になるようなら、施工業者に設置できるかどうか確認をとりましょう。

16 出力制御に対処する方法

出力制御補償の利用で出力制御リスクに備える

出力制御とは、出力抑制とも言われ、所定の条件下で、電力会社が発電事業者に対して発電設備からの出力の停止や抑制を要請し、発電量を制御する仕組みです。つまり、晴れていても売電できないリスクがあるのです。特に需要よりも供給が多くなっている地域では出力制御リスクがあります。実際、２０１８年10月には、九州電力が国内初となる太陽光発電の出力制御（抑制）を実施しています。

抑制対象は今のところ限定的です。出力制御（抑制）が実施されたとしても、順番に抑制され、毎回同じ発電所に抑制がかかるわけではないようです。ただ、今後も太陽光発電所が増えていけば、供給過多となり、さらに大きく抑制の影響を受ける可能性もあります。

こうした出力制御のリスクに対しては、出力制御補償に加入することで対応すべきです。施工会社が、出力制御リスクのある地域の発電所を販売する際は、出力制御補償への加入プランを準備していることが多いので、加入を検討すべきでしょう。

17 失敗しない施工業者の選定方法は?

信頼できる業者かどうか

数多くの太陽光施工業者が存在しますが、やはり実績のある会社に頼んだほうがよいでしょう。これまでの発電所の販売実績の確認はもちろん、実際の施工例を見てみることも大切です。配管は地面の上にむき出しになっておらず地中に埋設されているか、ケーブル類はしっかり束ねてあるか、などは確認しましょう。

また、施工会社が信販会社と提携しているかどうかも一つの指標になります。信販会社のソーラーローンは、提携業者経由でないと利用できません。提携の前には信販会社による施工業者の審査があります。信販会社のソーラーローンを利用できるということは、施工業者が信販会社の審査に合格(パス)したことを意味します。あくまでも参考程度ですが、提携信販会社の数が多いほど実績も豊富な施工業者という傾向があります。

また、支払いスケジュールも確認してみてください。体力のない施工業者や、信販会社との提携がない施工業者は、支払いが前倒しになる傾向にあります。着手金を支払ったら施工業者と連絡が取れなくなった。そのような事態が実際に起こっていますので十分注意してください。

銀行融資をめぐって実際に起こったトラブル

銀行回りをする中、ある地銀でひどい話を聞きました。太陽光発電事業への融資を実行した後、施工業者と連絡が取れなくなってしまったそうです。融資先は投資家です。施工業者へ全額融資資金を振り込んだ後、連絡が取れなくなってしまったのです。もちろん工事は何も進んでおらず、発電所の運転開始の見込みもありません。数千万円をだまし取られ、投資家に借金だけが残ってしまった形になります。

融資を実行したということは、間もなく返済もスタートすることを意味します。売電収入から返済していく事業計画なので、工事が完了しなければ売電も開始できず、毎月自分の手持ち資金から返済を続けなくてはならないのです。最悪のトラブルケースですよね。自分が巻き込まれたらと思うとゾッとしてしまいます。

実際に、こうしたトラブルは見えないところでときどき起こっています。施工業者の倒産が多い太陽光発電業界では、業者の信頼性の確認は、本当に大事なことだと思います。

もちろん、銀行での融資審査で施工業者の調査も行っています。しかし、銀行もすべてを見抜くことができるわけではありません。自分でも、施工業者の業績の推移や、決算書の内容を確認したり、業者のオフィスを訪問したりと、少しでも業者の信頼性を確認する努力をしておきたいところです。

業者の売電シミュレーションの落とし穴

施工業者からもらえる提案資料の中には、売電シミュレーションが含まれています。しかし、この売電シミュレーションは業者によって計算方法がバラバラです。提示された表面利回りは鵜呑みにしてはいけません。

例えば、発電所を囲むフェンスや、発電所に設置する看板（標識）の代金は総費用に織り込み済みでしょうか。電力会社に支払う連系工事負担金の費用は込みでしょうか。土地の整地・伐採費用は含まれているでしょうか。どの項目までを含めた費用に対する利回りなのかで、数値は大きく違ってきます。基本的には、これらの費用込みの総額に対する売電収入額から利回りを計算すべきです。

また、売電収入予測値も業者によって大きく違います。どのような計算式で算出した値なのかを業者に聞いてみることをおすすめします。専用の発電量予測ソフトを使っている業者も多いです。経験上、こうしたソフトによる計算値は、本書で紹介した売電シミュレーションの計算式により出した値よりも大きい値が出る印象です。あまりにも差が大きいようでしたら、本当にシミュレーション通りに売電できている実例があるか確認した上で判断すべきだと思います。

農地転用の申請が必要な土地もある

太陽光発電投資を検討している土地が農地である場合、農地転用の手続きが必要です。農地転用とは、農地を農地以外の目的に転用することです。食料供給の基盤である優良農地の確保のため、何でも転用できるわけではなく、農地転用には都道府県知事または指定市町村の長の許可が必要です。

農業委員会に申請書を提出し、都道府県知事または指定市町村の長の許可をもらわないと太陽光発電所を設置することができません。また、どのような農地でも転用許可がおりるわけではありませんので注意が必要です。

農地転用の申請を行ってから許可がおりるまで、1か月～1か月半ほどかかります。申請書の作成・提出は自分で行うこともできますが、土地家屋調査士などが代行してくれます。料金の相場は5～10万円くらいでしょうか。申請を行うにあたり、計画している太陽光発電所を購入できる資金のあてがあることを示す必要があります。例えば、融資内諾の証明、もしくは、購入額以上の現金を保有している証明（預金通帳のコピー）を提出することになります。転用許可がおりて初めて土地を売買することができるようになります。

私は、これまで2回、農地転用手続きを経て土地を取得しましたが、意外とお金（代行費用）と時間がかかるなと感じました。農地転用を検討する場合は、その点にご留意ください。

なお、エリアによっては、農業委員会が太陽光発電に対して消極的で、農地転用を全然認めてくれないことがあります。土地を自分で仕入れる場合、そのエリアで太陽光発電を目的とした農地転用が認められた実績があるかどうか確認しておくべきだと思います。

太陽光発電所が建設されれば、土地の固定資産税だけでなく、設備に対する償却資産税も納めることになるわけで、人口が減少している市町村にとって税収面では歓迎すべきことだと思うのですが…。なぜ否定的なのか不思議に思います。

20 複数基の所有で投資の安定化を図る

太陽光発電所は1基よりも複数基所有しているほうが、リスク耐性があがります。例えば、10基の発電所を所有しているとします。万が一、1基が停止してしまい、売電できない状態となっても、残りの9基の発電所の売電収入で十分カバーすることができるでしょう。

もちろん保険に入っていれば保険金を受け取ることができますが、保険金の受け取りまでタイムラグがあるかもしれません。10基とはいわないまでも、2基、3基と発電所があれば、ほかで何かあったときにカバーしてくれる心強い存在になります。

不動産投資でも同様ですよね。中古戸建を1棟だけ所有している人は、退去があれば次の入居が決まるまで家賃収入はゼロとなります。ゼロか百かは、リスクが大きい状態です。中古戸建を何棟も増やしていけば、退去時にも家賃収入がゼロになることはなくなるでしょう。

また、複数基の発電所を購入する場合、エリア分散を検討してもよいでしょう。一か所にすべての発電所が集中していると、自然災害を受けたときに全滅するリスクがあるからです。とはいえ、自主管理の手間を考えると、同じ場所に発電所があったほうが断然嬉しいので、バランスを考慮しながら決めるとよいと思います。

ちなみに、私の発電所は、同じ場所に複数基があります。2基のセットが四つのエリアにあり、1基が一つのエリアにあります。

複数基の発電所をエリア分散しながら購入することで、投資を安定化させることができるようになります。

21 借金への恐怖が拭えない人は？

そもそも借金は怖いですよね。私の場合、投資での最初の借金は不動産（一棟マンション）でした。低圧の太陽光発電所1基の価格よりもはるかに大きな価格でした。金銭消費貸借契約書に印鑑を押すときには手が震え、恐怖を感じたことを今でも覚えています。

しかし、一度踏み出すと、その後は、段々と恐怖も和らいでいきました。それは、投資から安定的に収入が得られるという小さな成功体験を積み重ねていくうちに、同じことを繰り返していけば大丈夫だろうという自信につながっていったからだと思います。

投資家は二極化するように思います。よく勉強せずに業者の言葉を鵜呑みにして購入した結果、さんざんな目にあって撤退し、二度と買わないと心に誓う人。そして、しっかり勉強してから購入し、投資のよさを実感してどんどん拡大する人。賢明な読者の方々には、ぜひ後者になってほしいと願っています。

それでも借金は嫌だという人もいるかもしれません。その場合は、現金の割合を増やすか、現金買いをするかしかありません。ただ、導入コストの低下にともなって、２０１９

年度の売電単価14円のもとでは、20～70kWの発電所が500～1000万円の価格帯で提供され始めています。自己資金に余裕のある人は、現金買いも可能になってきました。

22 太陽光発電所投資の出口戦略を考える

太陽光発電所投資の出口としては、産業用太陽光発電所の固定価格買取期間である20年間の途中で発電所を売却するか、20年（あるいはそれ以上）にわたって売電を継続するかのどちらかです。ここでは、後者の発電を継続する場合について掘り下げてみます。後者の場合は、21年目以降も売電を継続するか、20年で売電を止めるかのどちらかになります。

21年目以降も売電を継続する

今のような固定価格での買い取りはなくなりますが、そのときの単価で電力会社や新電力への売電を継続するという選択肢があります。収入は半減するかもしれませんが、十分に可能性のある選択肢です。太陽光パネルは、劣化はあるものの30年程度はもつと言われています。30年目まで売電を継続できる可能性も十分にあります。

20年経過時点で設備を撤去する

20年経過時点で売電を止めて設備を撤去するという選択肢もあります。土地が賃貸の場合、期間の延長がなければ撤去することになります。土地が所有権の場合も、土地を分筆して宅地として売却できたりするのであれば、設備を撤去して土地売却でもよいでしょう。なお、30年後に撤去する場合も同様ですね。

究極の出口は再投資？　太陽光発電所を再び設置

土地を更地にして売却という出口が描けない場合は、発電所を途中売却する以外では、30年経過後に再投資するのが究極の出口かもしれません。同じ場所で新しく発電所に再投資して再び発電所を設置するのです。

この出口を実現できれば、せっかく普及してきた再生可能エネルギーの割合を将来の発電所撤去により下げずに済むのではないでしょうか。20年経過後に皆が設備を撤去してしまうようだと、固定価格買取制度が果たした役割が無に帰してしまいます。

第3章

発電所への再投資が可能かどうかは、そのときになってみないとわかりませんが、私はそうなってほしいと願っています。

C・O・L・U・M・N

太陽光発電所には適した地目がある

太陽光発電所を探すとき、土地の地目について考えたことはありますか。地目には、宅地、山林、原野、田・畑、雑種地などがあります。将来の土地売却を考えると宅地が理想かもしれませんが、固定資産税は高くなります。

太陽光発電所は、地目が山林や農地の案件を多く目にするのではないでしょうか。農地の場合は農地転用が必要ですが、農地法の規定に沿った農地しか転用できないので注意しましょう。

では、地目が山林の土地と、元農地の土地、どちらがよいでしょうか。山林の土地は、雑草の伸び方が違います。少し放っておくと、すぐにジャングルになってしまいます。周囲が森に囲まれているような場所だと、発電所を飲み込むような雑草の勢いを感じます。

一方、元農地の土地は、周囲も農地であることが多く、比較的雑草の伸びも緩やかな印象です。草刈りの手間・コストを考えると、経験上、元農地のほうが発電所に適しているような気がしています。

第4章 太陽光発電投資の融資戦略

融資を活用しよう

野立ての太陽光発電所は小規模なもので数百万円、標準的なもので1500～2500万円の価格帯です。メガソーラーになれば1億～数億円の投資となります。不動産投資でもそうですが、太陽光発電投資でも融資を活用することになると思います。いかにして金融機関を開拓するか。これが発電所の規模を拡大できるかどうかを左右します。

太陽光発電事業への融資を行っているのは、信販会社、日本政策金融公庫、信用金庫・信用組合、銀行です。

本章では、太陽光発電への融資を行ってくれる金融機関の特徴をご紹介します。ただし、信用金庫・信用組合、銀行については、主に私が対象とする関東の事例になります。個人の経験に基づく一例にすぎないことをご了承いただければと思います。

信販会社のソーラーローンがおすすめ

産業用のソーラーローンの取り扱いのある信販会社は、アプラス、ジャックス、イオンプロダクトファイナンス、オリエントコーポレーション、セディナなどです。いずれも、施工業者と提携がある場合に、施工会社経由で利用することが可能です。個人で信販会社に持ち込んでも産業用のソーラーローンの融資を受けることはできません。

ちなみに、信販会社のホームページに掲載されているソーラーローンはいわゆるリフォームローンであり、自宅屋根に載せる住宅用の太陽光パネルの設置を対象としています。

信販会社のソーラーローンの特徴は、審査が早いことです。1日～1週間ほどで融資の可否がわかります。また、無担保で融資を受けることができます。銀行・信金などは、たいてい担保の提供を求めてきます。

日本政策金融公庫も、担保提供できれば融資が通りやすくなります。信販会社のソーラーローンでは、無担保で1000万～2000万円超のお金を貸してくれますが、これは、ほかの金融機関と比べるとものすごくよい条件なのです。

第4章

私は特に意識することなく信販会社から借りてきましたが、自分で銀行回りをすると、信販会社のすごさが際立ちます。

以下は、私が見聞きしてきた実例をまとめたものですが、提携業者やエリアによっても条件が異なる場合があることをご承知おきください。

アプラス

提携している施工業者が多い信販会社です。太陽光発電所投資といえば「アプラス」と言ってもよいほど有名な信販会社です。金利は提携施工業者ごとに違いますが、おおよそ2・2〜2・5％くらいです。融資期間は15年です。5年前と比べるとかなり金利が下がっています。ちなみに、私がアプラスを利用させてもらったときは2・65％でした。また、最近では変動金利も選択可能となり、2％を下回る低金利（変動金利）で融資期間20年という商品も登場しています。

そして、特徴的なのが、動産総合保険が付帯（当初10年間）していることです。アプラスで融資を受ければ、当初10年は別途動産保険に加入する必要はありません。年収に応じて、融資の上限が決まってきます。ざっくり年収400〜500万円くらいから融資の土台に乗ってくるようです。法人融資も可能です。

ジャックス

アプラスと双璧をなす信販会社です。金利は2・1〜2・5%くらい、融資期間は15〜20年です。数は少ないのですが、一部の施工業者経由であれば、担保型のローンを選択することもできます。発電所を担保にとる代わりに、融資期間を15年よりも長くできる場合があります。

年収に応じて、融資の上限が決まってくること、法人融資が可能であることはアプラスと同様です。

イオンプロダクトファイナンス

前記2社に比べると融資のハードルは少し高くなります。自宅に抵当権を設定することを条件に出されたりします。特徴的なのは団信（団体信用生命保険）がついてくることです。金利は2・4%程度、融資期間は15年です。年収に応じて、融資の上限が決まってきます。法人融資も可能ですが、ハードルは高いようです。

〈表4－1〉 信販会社のソーラーローン 特徴と比較

信販会社	アプラス	ジャックス	イオンプロダクトファイナンス	オリエントコーポレーション	セディナ
金利	2.2～2.5%	2.1～2.5%	2.4%程度	2.5%程度	2.5%程度
融資期間	15年	原則15年	15年	15年	15年
備考	動産総合保険（10年分）付帯。施工業者によるがTSUTAYAポイントをローン額の0.5%もらえる場合あり。法人融資OK。	一部の提携業者経由だと通常型のローンと担保型のローンを利用できる。担保型を利用すると融資期間が最大20年まで延びることも。法人融資OK。	自宅への抵当権設定が条件にされることも。団信（団体信用生命保険）がついてくる。法人融資も可能だがハードルは高い。		最初の1基目向き。実績は少なめ。

オリエントコーポレーション

オリコという略称のほうが有名でしょうか。金利は2・5%程度、融資期間は15年です。

セディナ

最初の1基目でないと融資が出にくいようです。すでにほかの借り入れがあると難しくなります。金利は2・5%程度、融資期間は15年です。

その他、最近目にするようになったのが、オリックス、シャープファイナンス、プレミアファイナンスです。ソーラーローンを扱う信販会社は、以前に比べると増えてきました。

日本政策金融公庫の貸付制度を活用

固定価格買取制度（ＦＩＴ制度）が開始した２０１２年当初は信販会社のソーラーローンが普及しておらず、日本政策金融公庫（以下、「公庫」ともいう）一択といった状況でした。当時借り入れした人は、１％を切るような低金利で融資期間15～20年のフルローンも可能だったようです。

正直羨ましい限りですが、今は状況が変わってしまいました。担保の提供が必須だったり、自己資金を多く求められたり、太陽光への融資の門戸は絞られてしまいました。

しかし、そのような状況でも、いまだに公庫の金利は信販会社よりも低いですし、しっかりとした事業計画、担保提供、自己資金の拠出があれば融資を受けることができますので、相変わらず有力な候補です。

日本政策金融公庫は、対象者に応じて様々な制度を設けています。普通貸付、環境・エネルギー対策資金、新創業融資制度、中小企業経営力強化資金、マル経融資（小規模事業者

第４章

経営改善資金）などの制度が、太陽光発電事業への融資に適用の可能性があります。

以前、私が公庫に相談にいった際は、環境・エネルギー対策資金の制度のもとで審査されました。ただ、内諾をもらったものの、名義変更に時間がかかって６か月が経過してしまい、キャンセルになってしまったので、融資を受けた実績はまだありません。

そのとき提示された条件は、担保提供ありで金利１・６％、融資期間15年、融資額は総額の８割５分（１割５分は自己資金）といったものでした。なお、太陽光発電事業への融資の場合、太陽光設備（太陽光パネルなど）は、見積額の半分ほどの担保価値があると判断されるようです。

また、これらのうちマル経融資（小規模事業者経営改善資金）は商工会議所経由で申し込みをすることができます。マル経融資とは、商工会議所などで、経営指導（原則６か月以上）を受けることで、無担保・無保証人で、日本政策金融公庫の融資を受けることができる制度です。

金利は１％ほど、融資期間10年以内（設備資金）、無担保・無保証で最大２０００万円まで融資の可能性があります。公庫の融資制度の中でも金利は最も低い部類です。しかも無担保・無保証なんて、ものすごい好条件です。

なお、小規模事業者とは、従業員10人以下（商業・サービス業は5人以下）の法人・個人事業主のことです。サラリーマン投資家のプライベートカンパニーは誰も雇用していないでしょうから、小規模事業者に該当するはずです。融資期間が10年と短いのがネックですが、融資期間が10年でも収支が回る発電所を見つけた際は利用したい制度です。

4 地方在住者には信金・信組もおすすめ

信用金庫、信用組合は、地方在住者向けです。例えば、東京に住んでいる人が東京の信用金庫に案件を持ち込んでも、地方の太陽光発電所の所在地は対象エリア外となり、そもそもご縁がないことが多いです。

その一方で、地方在住者が地元で太陽光発電事業に取り組む際には、心強い味方となってくれる可能性があります。銀行と比べると対象エリアが狭いため、エリア内の案件を見つけるのが大変かもしれませんが、利用できる人は積極的に持ち込んでみるとよいでしょう。

ちなみに、私は東京都在住でありながら、明らかにエリア外である場所の発電所に信金から融資をしていただいています。詳細は「6　公的融資を活用する手も」で説明しますが、公的融資が絡むと、エリア外でも取り組み可能になったりします。

銀行の融資は担当者次第⁉

太陽光発電事業は、もはや堅実な事業（つまり、滞りなく返済が継続する事業）として認識されてきています。一部の地方銀行は、太陽光発電に積極的なところもあるようです。太陽光発電事業を対象とした専用の融資制度が準備されている銀行もあります。

また、たとえ専用の融資制度がなくても、事業計画がしっかりしていればプロパーローンで融資を受けることもできます。いわゆる富裕層のような高属性の人であれば、1％程度の金利でメガソーラーのような大規模な案件に融資を受けることもできるようです。ちなみに、私はプロパーローンで二つの地銀から低圧の太陽光発電所ですが法人融資を受けています。

ただ、信金・信組、銀行ともに、融資担当者の能力が融資の可否を大きく左右するように感じています。太陽光発電事業への融資経験がまったくない担当者の場合、どのような資料が必要かも知らないこともあります。そのような担当者に当たってしまった場合、稟議書の書き方もわからないので、深く検討されずに門前払いされてしまいます。

自分で銀行を回る場合、経験のある担当者に出会えるかが成功のカギです。紹介などがない限り、運を天に任せるしかありません。

6 公的融資を活用する手も

都道府県の制度融資

太陽光発電事業への融資に、自治体（都道府県・市町村）の「制度融資」を活用することができます。制度融資とは、中小企業や個人事業主が金融機関から融資を受けやすくするための制度です。自治体が金融機関に利子を補給したり、資金を預けたりして貸し付けることで、支援を行っています。

例えば、東京都の制度融資として、創業融資や小規模企業向け融資などがあります。制度融資の取扱指定金融機関（銀行、信用金庫、信用組合など）の窓口から申し込みを行うことができます。ただ、東京都の制度融資を利用する場合、設備資金の融資期間が最大10年なので、高利回りの太陽光発電所でないとキャッシュフローは得られないかもしれません。また、土地は設備資金ではないので基本的に自己資金で賄うことになります。

東京都の創業サポート事業

私が信用金庫からエリア外の場所で融資を受けることができたのは、東京都の女性・若者・シニア創業サポート事業（https://cb-s.net/tokyosupport/）を利用できたためです。この制度を利用できれば、所定の信用金庫・信用組合から、低金利（1％以下）、融資期間10年以内、無担保で、法人・個人事業主が融資を受けることができます。

東京都内に本店または主たる事業所があることなど、いくつかの条件をクリアしなければならないので少々ハードルは高めです。こちらも制度融資と同様に融資期間が10年までなので、高利回りの太陽光発電所に限定されてしまいますが、利用できる人は検討してみてもよいかもしれません。

7 法人を設立して創業塾を活用するのもGOOD

商工会議所や認定支援機関（例えば税理士、中小企業診断士が認定支援機関となっています）が開催する創業塾を活用することで、金融機関で融資を受けるときに優遇措置を受けることができます。

私は、地元の創業塾に通って特定創業支援事業の証明を受けたことにより、①法人設立時の登録免許税半額、②創業関連保証（無担保、第三者保証なし）、③日本政策金融公庫の「新創業融資制度」において融資額の1／10以上自己資金が必要という要件を満たすものとして利用申し込み可能、④東京都の制度融資「創業融資」で金利が0・4％優遇、といった優遇措置を受けることができました。

私は、一部を創業融資で借り入れした際、金利が通常2・3％だったのですが、0・4％の優遇を受け、1・9％になりました。また、法人設立時に登録免許税が半額になりました。そのときは合同会社を作ったのですが、登録免許税6万円が半額の3万円になりま

第4章

した。

そのほか、「会社設立ひとりでできるもん®」(https://www.hitodeki.com/)の電子定款も活用することで、合計3万5千円くらいで登記することができました。株式会社を作る場合、登録免許税15万円が半額の7万5千円になります。利用しない手はないでしょう。

私が実際に活用したのは、今のところ①と④だけですが、大変ありがたい措置です。創業塾で勉強もできて、しかも様々な優遇措置を受けることもできるなんて、最高ではないでしょうか。コストパフォーマンスがすごくよいのでおすすめです。

8 金融機関の融資は門前払いされてからが本番！

不動産投資でも同じですが、太陽光発電事業に融資してくれる金融機関の開拓は大変です。独力で開拓するには不屈の精神が必要です。太陽光発電所の所在地がエリア内にある銀行を探し出し、自宅所在地の近くの支店、勤務地の近くの支店に電話をかけていきます。同じ銀行の別支店にもどんどん電話します。支店が違えば対応もまったく違ってくるからです。

私の場合、10件電話した場合、8～9件は門前払いにあいます。門前払いにあうと、自分を否定されているような気になってしまいますが、断られて当然だと割りきってしまいましょう。心が折れるまでアプローチし続け、折れたら少し休憩してリトライです。行動あるのみだと思います。

なお、経験上、電話口で「太陽光発電投資を行っております」と言うべきではありません。必ず「太陽光発電事業を行っております」と伝えましょう。電話口では顔が見えないので、伝える言葉がすべてです。これだけでも心証は全然違います。

10件電話した場合、1～2件くらい面談に進める印象です。銀行が開いているのは平日です。サラリーマンであれば当然仕事があるかと思いますが、何が何でも都合をつけます。有給は、銀行での面談のために存在しているのです（笑）。面談まで進んだとしても、「総合的に判断した結果」、お断りされることも多々あります。10件以上電話し、休みをとって面談までしたのに成果ゼロ。よくあることです。気にしてはいけません。ひたすら同じ作業を繰り返していきます。

そうしていると、あるとき、太陽光発電事業への融資の経験がある積極的な融資担当者に出会います。もちろん、これまでの太陽光発電事業の実績、自己資金、本業年収、融資を受けたい発電所が好条件であることなど、必要な準備をしておく必要はあります。とはいえ、積極的な融資担当者に出会えなければ、せっかくの準備も日の目を見ることはありません。独力で金融機関を開拓する場合、巡り合わせも大事な要素なのです。

正直なところ、銀行開拓は精神的に疲弊します。しかし、ここを乗り越えることができるかどうかで融資の可否が決まるわけですから、頑張らないわけにはいきません。門前払いされてからが本番です。

9 信販会社と銀行、どちらから先に融資を受けるべきか

信販会社と銀行、どちらからも融資を受けることができるなら、どちらから先に融資を受けたほうが発電所を買い進めやすいでしょうか。投資家の中には、比較的容易に融資を受けることができる信販会社は後回しにし、先に銀行から融資を受けておこうと考える人もいます。信販会社はいわゆるノンバンクに属しますので、銀行から見てマイナスに評価

されてしまうことを懸念しているからだと思います。

私はというと信販会社を先に利用しました。信販会社からの借り入れがある状態で銀行、信金、公庫に持ち込みましたが、信販会社からのソーラーローンに対して否定的な見かたをされたことは一度もありません。きちんと収支が回っているか、売電収入が毎月しっかり入金されているか、といった確認を求められたことはありますが、問題視されるようなことはありませんでした。

積極的な銀行は、信販会社のソーラーローンの借り換えを提案してくることもあります。借り換えの場合はすでに売電実績がありますので、新規の持ち込みよりも実現しやすいのかもしれません。

反対に、銀行から先に借りた場合に信販会社での審査がどうなるか。推測ですが、この場合も影響は小さいのではないかとみています。というのも、信販会社から借り入れる時点で、私の場合は一棟マンションの借り入れがありましたし、自宅のローンもありました。それでも、何も問題なく信販会社から融資を受けることができたからです。

このように、どちらから先に借りても影響は少ないように感じています。ただし、銀行で借り入れした分を信販会社のソーラーローンを利用して借り換えることはできません。

第4章

一方、信販会社からの借り入れは、銀行で借り換えることはできます。信販会社から銀行へ借り換えることができれば、信販会社の融資枠はゼロにリセットされます。そのため、新たに信販会社から融資を受けることも可能になります。

この辺りの事情を勘案すると、信販会社で借り入れを行い、それを銀行で借り換えた後、再び信販会社から借り入れを行うといった手順を実現できるので「信販会社から先に借りる」ほうがよいのかもしれません。信販↓借り換え、信販↓借り換え…といった無限ループで規模拡大という融資戦略が描けるからです。

なお、銀行などでは借り換えをしてしまうと、借り換えられた元の銀行は出禁になり、元の銀行からは融資を受けることはできなくなります。しかし、信販会社の場合は、これまで聞いた限りは、そういった心配もなく、融資枠のリセット後も、新たに融資を受けることができるようです。

10 太陽光発電所を購入すると、不動産投資で信用棄損になる？

不動産投資をしている人は、太陽光発電所の購入をためらうことがあります。アパートやマンションの融資では、物件の評価と自己資金の合計が、資産価値を下回った状態、いわゆる信用棄損の状態になると融資を受けにくくなる傾向にあります。太陽光発電所は、土地の価値は高くありません。そして太陽光設備は不動産ではなく動産です。

太陽光発電所を購入すると信用が棄損してしまい、アパートやマンションの購入に悪影響があるのではないか。そのような懸念から、購入をためらうことがあります。

私はというと、今後、不動産が買えなくなっても構わないと覚悟して、太陽光発電所の規模を拡大してきました。今後、不動産を買えるかどうかは未知数です。ただ、9基目の発電所に地銀から融資を受けるのとほぼ同じタイミングで、同じ地銀から所有物件（一棟マンション）の借り換え融資を受けることができました。また、不動産も持ち込んでほしいと言っていただけたので、購入できる可能性は十分ありそうです。

もし信用棄損が心配なら、不動産投資を行っている主体（個人や法人）とは別に、新たな法人を設立して取り組むことを検討してもよいと思います。

11 太陽光発電事業のための法人の定款例

太陽光発電事業に法人で取り組む場合、どのような定款にすればよいのでしょうか。融資を受けるためには、定款に発電や売電に関する事業を行うことを明記しなければなりません。

私は、不動産投資を開始するにあたり、最初から法人を設立していましたが、設立当時、定款の事業目的は不動産の賃貸経営に関する記載だけでした。その後、太陽光発電所に対して地銀から法人融資を受けることができたのですが、その際「定款の事業目的を書き直してください」と言われてしまいました。事業目的の中に発電、売電に関する記載が含まれていないと融資を受けられなかったのです。

そこで、やむなく法務局に行って定款変更の登記申請を行いました。2〜3行、ほんの少し変更するだけで登録免許税3万円の出費でした。これから不動産や太陽光発電所の購入のために法人を設立する人は、最初から、賃貸事業だけでなく売電事業も事業目的に記載しておくことをおすすめします。

以下は、私の第二法人の事業目的の実際の記載です。この記載で太陽光発電所に問題なく融資を受けることができましたので、これから設立しようとする人は参考にしてみてください。太陽光発電以外の発電事業（小型風力発電、バイオマス発電など）に取り組む可能性も考慮して、事業目的の中では「太陽光」に限定しないようにしています。

（目　的）

第2条　当会社は、次の事業を営むことを目的とする。

1．発電及び売電に関する事業

2．発電施設の運営、維持管理

3．居住用不動産及び商業用不動産の売買及び賃貸

4．発電及び売電並びに居住用不動産及び商業用不動産の売買及び賃貸に関する調査、研究、コンサルティング業務

5．上記各号に附帯する一切の事業

太陽光発電事業に関連する資格で融資を少しでも有利に

太陽光発電に関する資格としては、太陽光発電アドバイザー®、太陽光発電メンテナンス技士®などがあります。どちらも民間資格ですが、資格を取得することで太陽光発電事業に関する知識を深めることができます。

太陽光発電アドバイザー®は住宅の屋根に設置する場合を想定していますが、野立て太陽光発電所の理解にも非常に役立ちます。太陽光発電メンテナンス技士®は、発電所のメンテナンスのための知識・技能を身につけることができる資格です。

私は、両方の資格を取得しています。また、太陽光発電と直接関連するわけではありませんが、宅地建物取引士の資格があれば、土地探しの助けになります。

資格が融資の可否にどの程度影響を与えるかはわかりませんが、融資を受けることができた信金から、審査にあたりこれらの資格証明書のコピーの提出を求められた経験があります。また、同じく融資を受けることができた地銀にも、太陽光発電メンテナンス技士®

の資格証明書を提出し、稟議書に一言添えてもらいました。

実際のところ、プラスの効果はほとんどないかもしれません。融資の可否が五分五分の状況だったようなときに、ほんの少し背中を押してくれるようなものだと思います。それでも、融資の実現可能性を少しでも高めてくれるかもしれない以上、こうした資格を所有しているなら、融資打診時に銀行員に伝えておくとよいと思います。

13 太陽光発電所投資で一気に規模を拡大している人達

太陽光発電所をたくさん所有している人に多いのは、太陽光発電とは別に事業を行っている人や、潤沢な自己資金を持っていたり、年収が高かったりする高属性の人達です。そうした人達は、いきなりメガソーラーに融資を受けたり、10基ほどの低圧の太陽光発電所をまとめ買いしたりすることで、いっきに規模を拡大しています。普通のサラリーマン投資家には、なかなか真似できないことで、羨ましい限りです。

その一方、低圧の太陽光発電所を毎年少しずつ積み上げることで、コツコツと規模を拡大している人達もいます。私のような持たざる者は、コツコツ型で増やすしかありません。そして、売電収入のキャッシュフローを蓄積し、自己資金を潤沢にすることができれば、いつか高属性の人達の投資手法に挑戦できるときがくるかもしれません。

14 9基目の太陽光発電所の融資獲得までの道のり

これまで購入してきた発電所の中で、最も融資実行まで時間がかかったのが9基目の発電所です。最初に案件情報をもらったのが、2016年11月頃でした。その後、その土地で育てている野菜の収穫が終わるまで待機でした（笑）。

さらに、2017年10月頃に名義変更による変更申請（発電事業者の名義を私の個人名から発電所を購入する法人名へ変更する手続き）を行ったのですが、しばらく音沙汰なしの状態が続きます。結局、8か月ほど経過してようやく許可されました。その間に、一度は公庫で内諾をもらっていたのですが、内諾から半年が経過したことにより強制的に融資キャンセルになってしまいました。

また、事業認定がおりていた太陽光パネルが廃版となり、パネルの種類も変更するために再び変更申請を行いました。今度は2か月ほどで許可されました。

そして2019年の年明けから、改めて銀行回りを行い、1都銀、2地銀、2信金にアプローチし、その中の新規の地銀から、2019年3月にようやく融資を受けることがかないました。最初に案件情報をもらってから融資獲得まで、なんと2年4か月もの歳月が経過していました。

この地銀では、金利2%、融資期間15年、自己資金2割5分投入といった条件でした。これまでも地銀、信金で融資を受けた際は、自己資金は2割くらい投入してようやく融資を受けることができています。

なお、そのときに持ち込んだ都銀の例ですが、金利2%超、融資期間10年、自己資金4割投入なら融資OKとの回答でした。自己資金4割はちょっと厳しいので辞退させてもらいましたが、敷居が高すぎると思っていた都銀でも太陽光発電事業への融資の可能性が見えたことは収穫でした。

ちなみに、再び公庫に持ち込まなかったのは、ほかの発電所のパネルを担保に提供することが条件での内諾だったためです。人によって考え方は違うと思いますが、私は、できるだけ担保提供はしたくないと考えています。

担保提供すると、その提供元の設備や不動産の流動性が下がるからです。高い値段で売却できるチャンスがきても、担保提供によりがんじがらめにされてしまっていては売却できません。担保提供が必須の場合でも、あくまでも一つの発電所の中で完結すべきだと思います。公庫には、無担保で融資を受けられる範囲の価格帯の発電所が出てきたときに再チャレンジしたいと思っています。

C·O·L·U·M·N

銀行開拓の手順とコツ

まずは、太陽光発電所の所在地が融資エリアとなっている銀行を探します。そして、銀行のホームページを読み込んで、太陽光発電事業への融資の取り扱いがあるかを確認します。取り扱いがあれば、電話した際に「御行のホームページを拝見しまして……」と入りやすくなるからです。

そして、自宅の住所地（法人であれば法人の本店・支店の所在地）、サラリーマンであれば勤務地、そして、太陽光発電所の所在地の近くの支店を候補として挙げていきます。銀行は「なぜ、うちの銀行、うちの支店に電話してきたのか」を気にします。上手く答えられないと、不信感を抱かせてしまうかもしれません。

これらの中で最も実現可能性が高いのは、自宅の住所地（法人の本店・支店の所在地）の近くの支店です。支店ごとに取り扱いエリアが決まっており、エリア内に自宅（本店・支店）がないと入口で駄目な場合もあります。自宅の住所を伝えた途端に、態度がよいほうに変わったこともありました。地元の人間をむげにはできないという意識があるのかもしれません。

なお、「御行が積極的に融資を出してくれると聞いた」はＮＧです。相手は、自分たちが簡単に融資を出すと思われていると感じてしまいます。特に悪気なく言ってしまいがちなことかもしれませんが、マイナスにしかなりません。

独力で銀行開拓したことがない人は、最初は電話をかけることすらためらってしまうと思います。勇気を出して一歩を踏み出してみてください。余計なことを言ってしまったり、失敗したりするかもしれませんが、何事も経験です。

第5章 管理・メンテナンスの重要性

太陽光発電所の管理・メンテナンス

ひと昔前、太陽光発電はメンテナンスフリーなどと言われていました。住宅用の太陽光発電（10kW未満）は買い取り期間が10年であり、10年程度であればメンテナンスは不要との思い込みによるものかもしれません。実際、パワーコンディショナーが10年間壊れなければ、ほとんどメンテナンスもいらないくらいなのかもしれません。

しかし、産業用の太陽光発電（10kW以上）は買い取り期間が20年です。住宅用とは違い、管理・メンテナンスは必須です。メンテナンスフリーというのは幻想です。

草刈り

敷地全面に防草シートが敷かれていない限り、年に最低1回、理想的には2回くらいの草刈りが必要です。雑草の生命力はすごく、少し放っておくと場所によってはジャングルのようになってしまいます。

太陽光パネルやパワーコンディショナーの検査

太陽光設備の定期的な検査も大切です。専用の検査機器は高額なので、管理会社・メンテナンス会社に頼むのが現実的です。検査機器はレンタルすることもできるので、自分で検査したい人はレンタルも選択肢の一つです。

2 管理・メンテナンスを怠るとこんな事態に！

草刈りをせずに放置しておくと、太陽光パネルの周囲が雑草で覆われ、太陽光パネルの隙間からも雑草が伸びてきます。雑草によって太陽光パネルの一部が常に陰になることで、太陽光パネルの一部にホットスポット（パネル内に大きな抵抗がかかることで、その部分が熱を持つ現象）が生じ、太陽光パネルの劣化・故障につながります。

また、機器の検査を怠ると、一部の太陽光パネルがまったく発電していないなどの設備の不具合を発見できず、機会損失につながってしまいます。

第5章

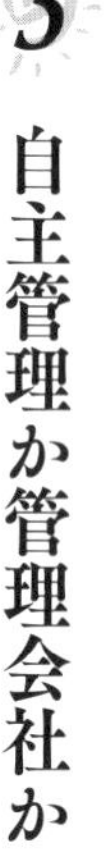

3 自主管理か管理会社か

太陽光発電所の管理は、自主管理するか、管理会社に管理を依頼するかの二択です。太陽光発電所を施工した施工業者が管理も行ってくれることもありますが、管理を専門としている業者に依頼することもできます。

自主管理のメリット・デメリット

メリットはもちろん、管理費用が発生しないことです。発電所1基当たり年10〜15万円程度は節約できます。デメリットとして、現地まで行く手間・交通費がかかること、重労働な草刈り作業を行わなければならないことなどが挙げられます。防草シートがない太陽光発電所の場合、ある程度伸びた状態だと、私の場合、丸一日作業しても700㎡の広さの発電所1基が限界でした。

また、草刈りにはガソリンエンジン式の草刈機を使いますが、ガソリン代がかかります。

また、除草剤を撒く場合は、除草剤代もかかります。

周囲に住宅があるような発電所だと、外からきた者はもの珍しく見られます。隣地の農家のおじさんに話しかけられたり、通行人のおばあちゃんに話しかけられたりします。発電所に何かあったら連絡してあげるよと言っていただいたりもしました。まぁ発電所に何かがあったときとは、雑草が伸びすぎているときくらいかもしれませんが。暗に草刈りちゃんとやってねという意味合いかもしれません。

管理委託のメリット・デメリット

メリットは、何もやることがなくなり、自由な時間を確保できることです。あなたの仕事は、管理会社のメンテナンスレポートを読むことと、毎月の売電収入の入金状況を確認することだけです。管理を委託しても十分なキャッシュフローが得られるのであれば、これほど楽な投資はないかもしれません。

デメリットは、管理費用、除草費用がかかる点です。毎月の管理費が1万円程度かかり、草刈り費用は別途5〜10万円かかることもあります。太陽光発電投資では融資期間が15年と短めであるため、返済比率が高いケースが多いです。よほど高利回りの太陽光発電所でない限り、キャッシュフローを圧迫することになります。

第5章

管理委託するかどうかの判断基準

管理を委託するかどうかは、拠点（例えば、自宅、実家、別荘、宿泊施設）からの距離で決めてもよいかもしれません。私は、拠点から車で1時間（長くても1時間半）以内にアクセスできる距離にあるなら自主管理を選択し、それ以上かかるような遠方の発電所であれば管理委託がよいと考えています。ただ、すこし距離が遠くても、ずっと高速道路に沿って運転し、インターの出口から近い場所であれば、アクセスは楽に感じるように思います。

4 自主管理で持参すべき道具

自主管理を行うには、いくつかの道具が必要です。代表的なものを挙げておきます。

草刈機（刈払機）と保護メガネ

全面に防草シートが敷かれていない限り、草刈機は必須です。草刈機は刈払機（かりばらいき）とも言います。主に、ガソリン式、電動式の2種類があります。電動式の草刈機には、充電タイプと、コンセントから電源をとるコードタイプがあります。現地でコンセントを確保するのが難しい場合、充電タイプを使用することになるでしょう。

おすすめはガソリン式です。充電タイプとはパワー、持続時間が違います。ガソリンさえ準備しておけば、バッテリー切れで使用できなくなることもありません。草刈機用のガソリンは、自動車のガソリンとは違い、ホームセンターなどで売っている混合ガソリンを用います。

また、草刈機は、二分割できるタイプのものもあります。二分割タイプでないと普通乗用車に積めない、あるいは積みにくいのですが、二分割タイプは低価格帯の商品だと振動が気になるかもしれません。積み込みに苦労しない車であるなら、二分割ではない通常タイプの草刈機がよいと思います。

そして、草刈機を使用していると、小さな石などを弾き飛ばしてしまうことがあります。運が悪いと、石が顔に当たり、目に当たると失明の恐れもあります。そのため、保護メガネは絶対に着用して作業するようにしてください。私も草刈り作業中に、何かの拍子に弾いてしまった石が保護メガネにぶつかった経験があります。

第5章

草刈機を使用する場合、万一の事故に備えて、２人以上で作業することをおすすめします。草刈機の刃で誤って怪我をしてしまった場合、助けを呼べないまま動けなくなってしまう事態を回避するためです。

ちなみに、草刈機はそれなりに重量があります。私など、普段デスクワークでパソコンのキーボードをたたいているだけなので、草刈り遠征に行った後は、普段の運動不足がたたってか、１週間以上、全身が筋肉痛になり動きがスローになります（笑）。

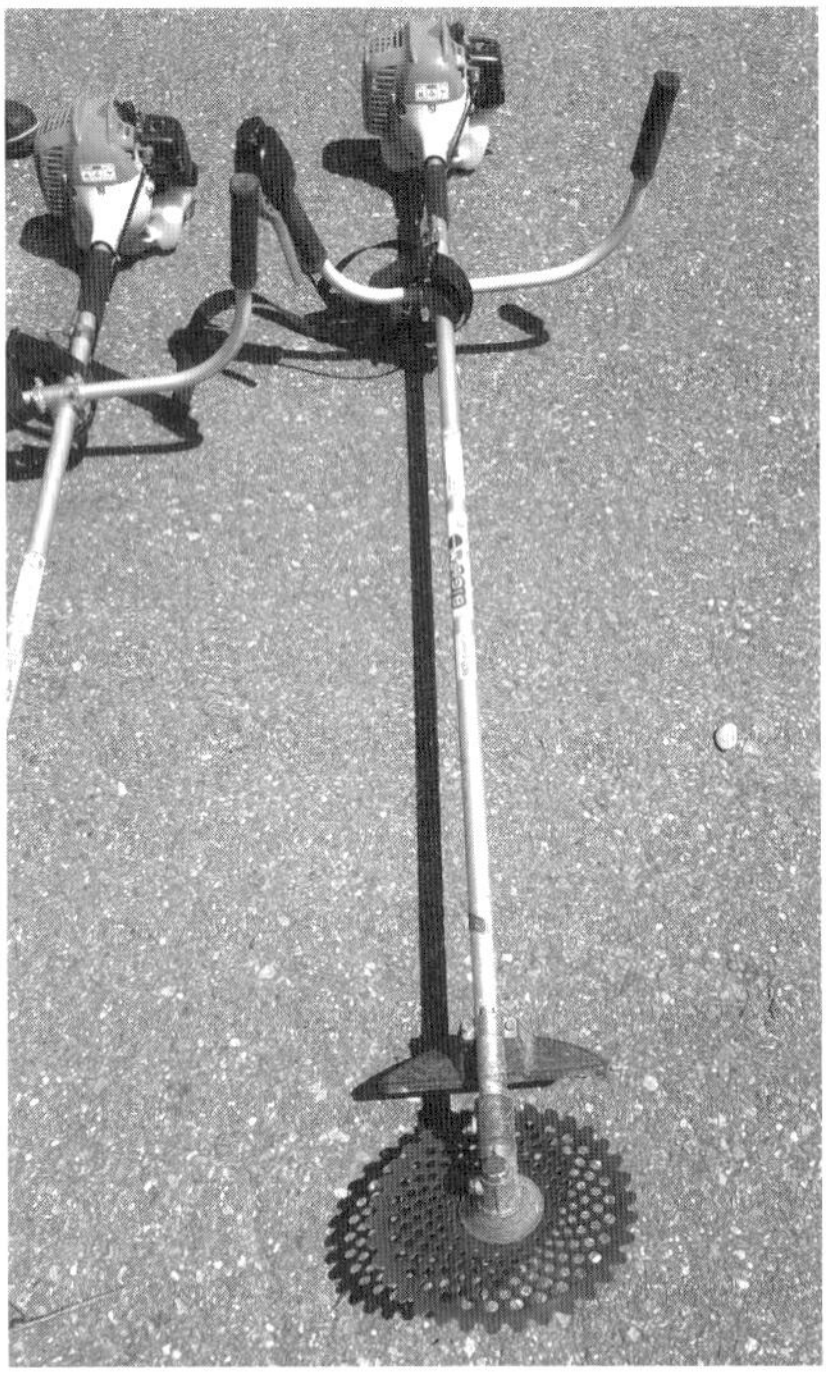

草刈機

保護メガネ

水と雑巾

太陽光パネルには鳥のフン、土など、汚れが付着しています。濡れた雑巾でパネルを拭けるように、水と雑巾を準備しておくと安心です。

作業着（つなぎ）、軍手、虫よけ網付きの帽子

基本的にどのような服装でもよいですが、できれば肌の露出が少ない厚手の作業着（つなぎ）を着ることで怪我を減らすことができます。また、軍手や帽子も同様の理由で必須

虫よけ網付き帽子

です。恥ずかしい話ですが、発電所内で作業していると、太陽光パネルの裏面や架台に、よく頭や身体がぶつかります（笑）。流血するくらいの怪我も何回かありました。これは、雑草がある地面にばかり意識がいき、架台やパネルに目が向かないためです。ましてや、大きな草刈機を抱えての移動なので、怪我のリスクは高まります。作業着、軍手、帽子は忘れずに持参してください。

なお、帽子は、虫よけ網付きの麦わら帽子がよいです。少し湿った場所だと蚊がたくさんいるので、虫刺され防止効果があります。

鉄板入りの長靴

太陽光発電所の敷地内を歩くときは、「踏み抜き」による怪我の可能性があります。雑草の種類によっては、地面から槍のように鋭くて堅いものが生えていることがあります。また、草刈機で刈った後に、雑草、木々の一部が残り、槍のように飛び出た状態になります。こうした堅い雑草や木々は、普通のゴム製の長靴では貫通し、足裏に刺さってしまうおそれがあります。

作業用の靴の中には、内部に踏み抜き防止用の鉄板が入ったタイプの靴があります。発

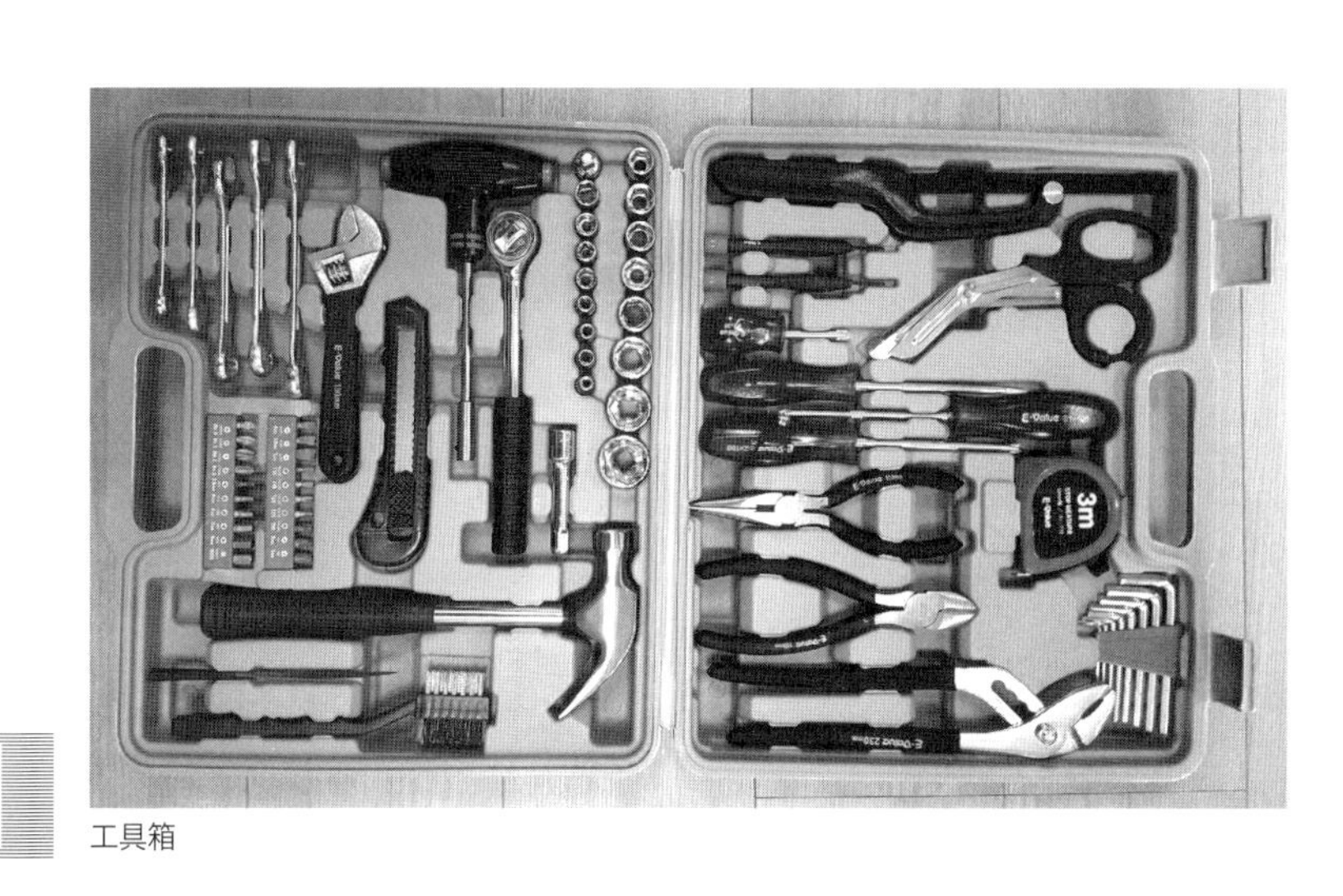

工具箱

第5章

電所内を歩くときは、こうした鉄板入りの長靴を履くようにすべきです。鉄板入りなので重量はありますが、これは必ず準備しておくべきものだと思います。

靴は必ず鉄板入りでと業者の人からアドバイスを受けたので、事前に準備してから現地へ行くことができました。実際に現地で草刈り作業をして、鉄板入りの長靴のありがたみがわかりました。

工具箱（ex 金槌、針金、ニッパー）

日曜大工で使うような一通りの工具が入った工具箱。これがあると便利です。防草シートが敷いてある場合、ピンの浮き上がりはよくあることですが、ピンを地中に戻すために金槌が活躍します。もしフェンスの破れなどがあれば、針金で補修できます。ニッパーは針金を切るのに使います。

刈り込みバサミ

園芸用の刈り込みバサミも必須です。草刈機が入り込みにくい狭い場所に生えた雑草や、フェンスに絡みついた雑草に対して有効です。草刈機の次に使用頻度が高い道具だと思います。

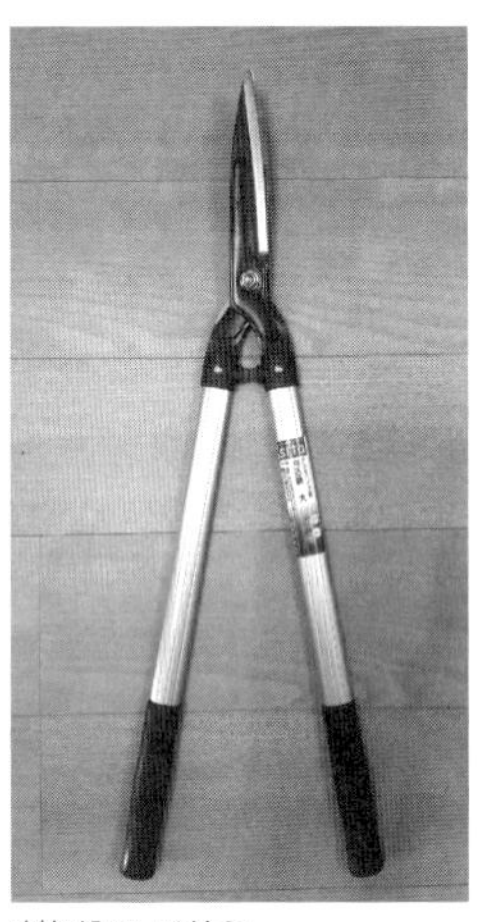

刈り込みバサミ

ボルトクリッパー

ボルトクリッパー

太い金属線でも軽く切断することができます。発電所入口は施錠されていると思いますが、鍵が錆びついたり、鍵を紛失したりして開かなくなったようなときでも、無理やりこじ開けることができます。恥ずかしながら、ある発電所の南京錠の鍵がなくなってしまい、ボルトクリッパーのお世話になりました。

除草剤

除草剤には、主に水と混ぜて使う噴霧タイプ、固形の粒剤タイプがあります。噴霧タイプの除草剤は、大量の水を必要とするので、現地で水を確保する必要があります。一方、粒剤タイプは、そのような心配はいりません。

除草剤

私は、粒剤タイプを使用しています。

例えば、レインボー薬品株式会社の「ネコソギ®」シリーズなら、約6か月の除草効果があります。経験上、雑草は生やさないのが大事です。定期的に除草剤を撒いておけば、草刈りの手間・費用を少なくすることができます。

検査機器

太陽光発電機器の検査には、I-Vカーブ測定、インピーダンス測定、サーモカメラ

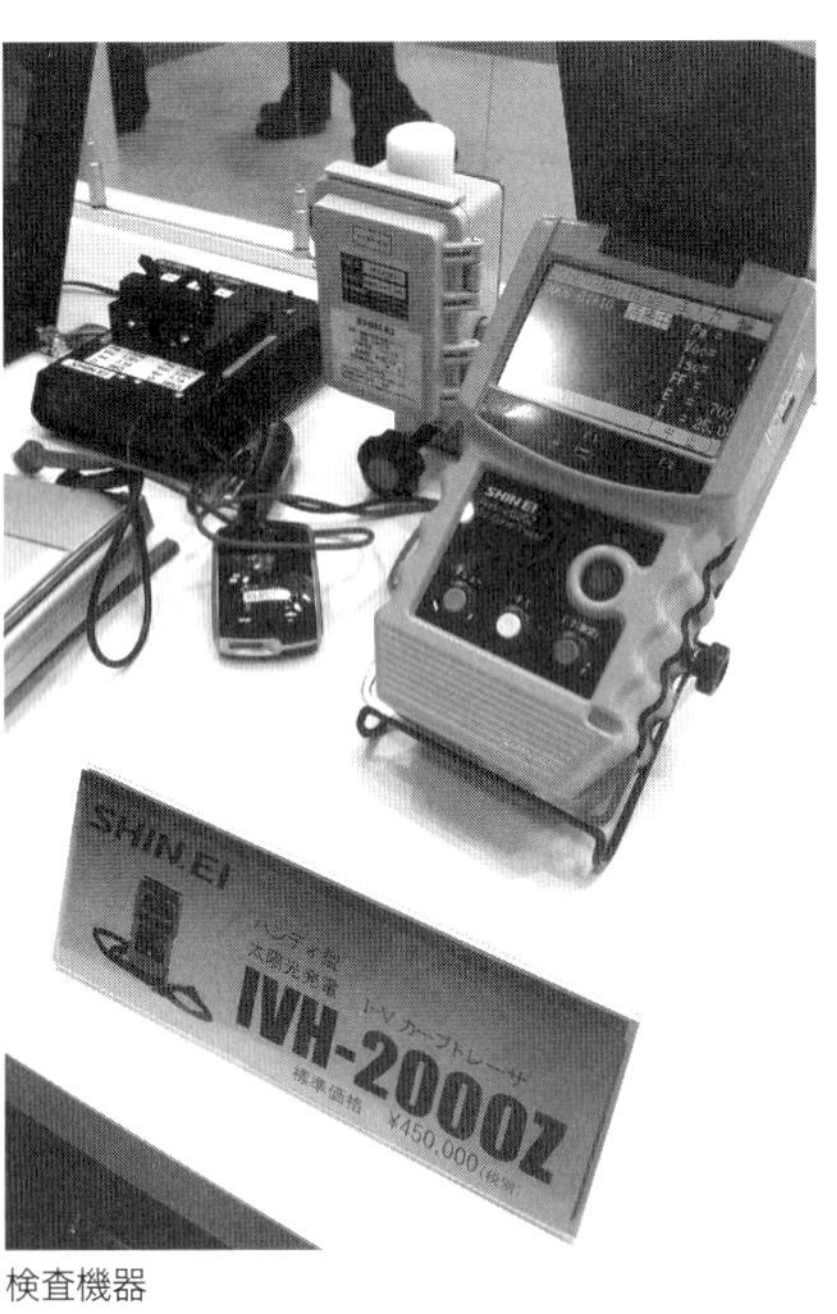

検査機器

（ＩＲ）測定、電路探査、バイパスダイオード検査、絶縁・接地抵抗検査、パワーコンディショナー検査など、様々な種類があります。管理委託をした場合でも、これらの全部が検査項目に含まれているとは限りません。

例えば、Ｉ－Ｖカーブ測定は、電流と電圧との関係を測定することで発電不良を発見できる重要な検査です。全種類の検査は難しくても、少なくともＩ－Ｖカーブ測定は定期的に行うべきだと思います。ただ、測定機器は高額ですので、自主管理の場合はレンタルを検討してもよいでしょう。

スズメ蜂には注意

ある発電所のメンテナンスに行ったとき、いつものように草刈機を使って草刈りをしていました。そのとき、スズメ蜂を発見しました。ホバリングをして空中に留まりながらこっちを見ています。ガソリンエンジン式の草刈機が轟音を轟かせる中、身の毛もよだつ思いで草刈りを中止し、すぐにその場を離れました。

幸いなことに、スズメ蜂は去っていきました。後から調べたところ、スズメ蜂は、「カチッ、カチッ、カチッ、カチッ」という音を発し、「これ以上近づいたら攻撃するぞ」という威嚇行動をしたのではないかと思います。そのときに見たスズメ蜂は1匹で、ほかにはいませんでしたが、背筋が凍りました。警告を無視して近づいていたら全身を刺されていたかもしれません。

その後も、スズメ蜂がいた付近で草刈り作業をするのは緊張しました。万が一、スズメ蜂の巣を草刈機で切り裂いたらと思うと生きた心地がしません。怖いので、最低限刈った後は除草剤をたくさん撒くに留めました。皆さんも、自主管理する場合、スズメ蜂には特にご注意ください。

発電所に住む生き物達

カマキリ、バッタ、テントウムシ、蛙、コオロギ、トンボ、カタツムリ。発電所には様々な生き物が住んでいます。今、東京に住んでいる私からすると、様々な生き物と出会える発電所に行くと懐かしい気持ちになります。童心に帰り、虫取りするのも一興かもしれません。実際は、そんな暇もないくらい現地でのメンテナンス作業に明け暮れるわけですが…。

防草シートを敷設しよう

防草シートとは、太陽光発電所の敷地内に敷設する、雑草が生えるのを防止するためのシートです。太陽光発電所の案件の中には、防草シートの敷設も込みのものもあります。込みではない場合、自分で敷設するか業者に依頼することになりますが、業者に依頼すると数十万円はかかるでしょう。防草シートの設置費用は高額なので、可能であれば購入時に防草シート代も含めて融資を受けたいところです。

防草シートの対候性には様々なランクのものがありますが、耐久年数が2〜5年ものは雑草がシートを突き破って生えてくることがあります。後から防草シートを敷き直すこと

ＤＩＹで設置した防草シート

第5章

を考えると、耐久年数が15～20年の良質な防草シートを敷いたほうが、トータルのコストは安く済むのではないかと思います。

また、防草シートを敷くタイミングですが、連系直後がおすすめです。時間が空くと、その間に雑草が生えてしまいます。雑草を除去してからでないと防草シートを敷くことができないので、余計な除草費用がかかる可能性があるからです。

防草シートは、しっかり敷設しても台風などの強風の影響で浮き上がってきたり、一部が飛ばされたりすることがあります。台風の後には、太陽光パネルだけでなく、防草シートが飛ばされていないかも確認しておきたいところです。

私の発電所では台風の影響か断言はできませんが、メンテナンスに行った際、防草シートが一部めくれていました。そして、めくれてしまった場所から雑草が生えていたのです。このときは防草シートのめくれを自分で補修しました。雑草を綺麗にし、めくれた防草シートを引っ張ってピンを打ち直すという地道な作業です。かなりの時間をとられてしまい、本来行うべきだったそのほかの除草作業に支障がでてしまいました。

追加で打ち込んだピン

管理委託している場合は、修繕を業者に任せることができますが、やはり補修のための作業料は別途徴収されてしまうでしょう。防草シートの敷設時に、ピンの長さや、ピン同士の間隔もしっかりチェックしておくとよいと思います。全面防草シートを敷いた発電所では、ピン同士の間隔が狭く施工されており、防草シートがめくれてしまう事態は防げています。これに対し、防草シートがめくれてしまった発電所では、ピン同士の間隔が広く、シートを留める力が少し弱かったのかもしれません。

防草シートがめくれていなくても、ピンが浮き上がっていることも多いです。ピンの浮き上がりは防草シートが飛ばされてしまう予兆と考え、現地に行った際にピンを打ち直すとよいです。一つずつ打ち直すのは大変ですが、ピンの上に足で乗って体重をかけるだけで簡単に地中に戻っていきます。発電所内を歩いて別の作業をしながら、気付いたときに通り道のピンを踏んで地中に戻していきましょう。

6 発電監視システムを導入しよう

発電監視システムとは、太陽光発電所の発電状況を監視する機器です。多くの会社が製品を出していますが、その価格は様々です。多機能で高価格なものもあれば、少機能で低価格なものもあります。例えば、株式会社ＮＴＴスマイルエナジーの「エコめがね」などが知られています。1時間単位、月単位で、発電量・売電量を計測・集計してくれます。また、異常発生時にアラートメールで通知してくれる機能もあります。

発電監視システムを導入していないと、故障により売電がストップしても、次の売電収入の振り込みがあるまで異常に気付くことができません。また、積雪地域の発電所では、雪が積もって発電しないことがあります。この状態が続くと、晴れていても売電できないので機会損失になってしまいます。このとき、発電監視システムで売電状況を確認できれば、早期に対応することができます。大雪の天気予報を見てヤキモキするのは避けたいですよね。

C·O·L·U·M·N

高利回りを実現するための秘策

太陽光発電所の表面利回りの相場は9・5～10％くらいです。こうした普通の案件を11％、12％に押し上げるための秘策があります。それは「時差」を活用することです。土地を所有している人は、この方法を活用しやすいでしょう。まずは経産省に事業計画認定の申請を行い、その年度での売電単価の権利を確保します。自分で行うのが難しければ、施工業者に依頼すれば代わりに行ってくれるでしょう。

そして、2年程度、そのまま放置します。2年経過すると、設備の調達コストが下がっているので、昔の高い売電単価、且つ、今の安い調達コストで発電所を設置することで、高利回りの太陽光発電所を実現できます。もちろん、長期間寝かせておくと高い売電単価での権利が失効する可能性があるので、いつまでに連系しなければならないかをよく確認しておく必要があります。

2019年度の売電単価は14円となりましたが、今でも昔の売電単価29円、27円、24円、21円、18円などの太陽光発電所が販売されています。施工業者の中には、数多くの権利を確保しておき、時差を利用して調達コストを下げつつ、高値で販売するこ

C・O・L・U・M・N

とで大きな利益を得ている業者もあります。

2019年度の売電単価14円の時代に、売電単価36円の発電所が利回り10％でリリースされているのを見ると、業者が大きな利益を得ているとわかります。ただ、わざと寝かせているわけではなく、権利を確保した土地の仕入れは行ったものの、商品として形になるまでやむなく時間がかかっている場合もあります。こうした施工業者と同じことを個人レベルで行うことで、当初利回り10％前後だった案件を、11％、12％にすることができるのです。

2〜3年ものんびり待てる人に限定されますが、こんな方法もあることを頭に入れておいてください。

第6章 太陽光発電投資の魅力の一つ！　消費税還付

消費税還付で自己資金を早期回収・再投資へ

消費税還付とは？

太陽光発電所を購入すると、所定の手続きをすることで、設備額の消費税分について還付を受けることができます。今後、消費税が10％になった場合、２０００万円の設備を購入すると、約２００万円の還付を受けることができます。消費税還付を受けるために、事前に税理士に相談することをおすすめします。自分で手続きすることもできますが、税務調査が入ったりすることがあるので、税理士の力を借りておいたほうが何かと安心です。

また、意外と知られていないことですが、法人だけではなく個人でも消費税還付を受けることができます。私は、法人だけでなく、個人で購入したすべての発電所で消費税還付を受けています。

還付金を再投資

消費税還付を受けることで、投入した自己資金を早期に回収することができます。還付金を次の投資の頭金に充当することで、さらに太陽光発電所を購入したり、アパートやマンションを購入したりすることができるようになります。投資した資金を早期に回収し、それを再投資していくことで、複利効果を得ることができます。

金の売買は不要！　正規の手続きで堂々と還付が可能

不動産投資でも消費税還付スキームが知られていますが、課税売上を作るために金の売買などを行う必要があるなど、ややグレーな面があります。国も不動産投資でのこうしたスキームを封じ込める方向に動いています。これに対して、太陽光発電投資の場合は、正規の手続きで堂々と還付金を受け取ることができます。

課税事業者と免税事業者

課税事業者の選択届を提出

太陽光発電投資で消費税還付を受けるためには、課税事業者の選択届を提出する必要があります。課税事業者とは、消費税を納付する義務がある法人や個人事業主のことです。これに対して、免税事業者とは、消費税の納税を免除された法人や個人事業主のことです。基準期間の課税売上高が１０００万円以下であれば免税事業者であり、サラリーマン投資家の多くは免税事業者です。消費税を納税しているサラリーマンは少ないでしょう。しかし、消費税還付を受けるためには、通常は免税事業者であるものの、あえて課税事業者になることを選択する必要があるのです。

なお、選択届の提出タイミングを間違うと還付を受けられないこともあるようなので、発電所購入前に必ず税理士に相談するようにしてください。

免税事業者に戻すため、3年後に課税事業者の非選択届を提出

課税事業者となった後は、約3年の間、免税事業者に戻ることができません。そのため、その間は売電収入に含まれる消費税分を納税しなければなりません。最初に大きな消費税還付を受けることはできますが、そこから免税事業者に戻れるまでは、売電収入の消費税分を納税し続けることになるのです。

例えば、消費税10％の下で、2000万円の設備を購入し、初年度に200万円の還付を受けることができたとします。土地は200万円だったとします。表面利回りを10％とすると、総額2200万円の10％、つまり年220万円の売電収入があります。220万円のうち消費税分は22万円です。これを3年間支払い続けると、66万円の支出となります。最初の還付額200万－66万＝134万円が残ることになります。

これが太陽光発電投資の消費税還付スキームです。免税事業者に戻った後は、消費税の納税義務はなくなりますので、以降、消費税分も手残りとなります。3年後に、課税事業者の非選択届を提出することで、免税事業者に戻すことができます。

第6章

4 いいことばかりじゃない？ あまり知られていない消費税還付の落とし穴

課税事業者期間に新規に太陽光発電所を購入すると免税事業者に戻せるタイミングが遅れることも

実は、課税事業者期間中に、土地代は除いて1000万円以上の太陽光発電設備を購入すると、免税事業者に戻せるタイミングが遅くなります。1000万円以上の太陽光発電設備は「高額特定資産」に該当するからです。高額特定資産を購入すると、免税事業者に戻せる起算点がリセットされ、新たに購入してからさらに3年間、免税事業者に戻せなくなります。

例えば、総額2000万円の発電所を購入し、課税事業者の選択届を提出し、消費税還付を受けたとします。そして、1年経過した時点で総額2000万円の別の発電所を購入したとします。その場合、起算点が変わってしまいます。最後に購入してから3年間は免税事業者に戻せないからです。つまり、単純計算で1年間、消費税を納税する期間が延びてしまうのです。期間の間延びが続くと、余計な納税が増えるので、当初の還付効果が薄れてしまいます。複数の発電所を購入する場合、できるだけ同じタイミングで一気に購入すべきでしょう。

なお、1000万円未満の太陽光発電設備であれば、購入しても起算点が変わることはありません。1000万円未満であれば「高額特定資産」に該当しないため、新たに太陽光発電所を購入しても3年間の起算点は変わらないことになります。新たに太陽光発電所を購入する場合は、免税事業者に戻せるタイミングについて税理士とよく相談することをおすすめします。

還付金は収入。還付金にも税金がかかる

消費税還付金は収入となります。そのため、当然還付金にも税金がかかってきます。しかし、発電所を購入した初年度は経費の額も大きいので、実質的に還付金はそのまま手残りとなるケースが多いと思います。

5 太陽光発電所の理想的な購入手法

課税売上1000万円を超えないように法人を活用する

売電収入は課税売上です。例えば、個人事業主として、1基あたり200万円の年間売電収入がある発電所を5基購入すると課税売上が1000万円になります。ここにさらに6基目の発電所を購入し、課税売上が年1200万円になるとどうなるのでしょうか。課税売上が1000万円を超えてしまったので、消費税還付を受けるために課税事業者にしていた場合、免税事業者に戻せなくなってしまいます。

ずっと課税事業者のままだと、売電収入の消費税分を納税し続けなければなりません。最初に還付を受けた分よりも大きい金額を、後々税金として支払わなければなりません。こうなると、「消費税還付なんてしなければよかった」ということになってしまいます。その場合でも簡易課税制度の活用という道が残されてはいますが、基本的には、こうした事態は避けるべきだと思います。

では、6基目を購入するときにどうすべきだったのでしょうか。答えは、「法人を設立して法人名義で購入する」です。別の法人であれば、その法人の課税売上が年1000万円を超えるかどうかで判断されます。個人事業主として5基、法人でさらに5基といった買い方にすれば、個人も法人も課税売上1000万円以下となり、免税事業者に戻すことができます。

もちろん、売電収入には振れ幅があります。晴天の多い年もあれば、雨の多い年もあるでしょう。またシミュレーションよりも大幅に上振れする可能性もあります。そうした振れ幅を考慮し、個人、法人ごとに、年間売電収入が800~900万円になるように抑えていくべきだと思います。

例えば、個人で4基（年800万円）、法人1で4基（年800万円）、法人2で4基（年800万円）…といった具合です。こうした購入手法であれば、消費税還付を受けつつ、将来、免税事業者に戻すことができるので、手残りを最大化することができます。

多法人スキーム

太陽光発電での多法人スキームは、不動産投資で最近問題になっている隠れ多法人スキーム（ほかの法人の存在を隠して全体の借入額をわからない状態にして多くの融資を受けるスキーム）

第6章

とは違います。私は法人を二つ所有していますが、隠れ多法人スキームではなく、ただの多法人スキームです。全法人の本店所在地が自宅住所と同じなので、たとえ隠そうとしても銀行にはすぐわかってしまうというのもありますが、小心者なので常に全開示の真っ向勝負で臨んでいます。

なお、隠れ多法人スキームに気付いた銀行が、このスキームを利用した投資家にメスを入れ、金利上昇を迫ったという話がちらほらと出始めているようです。金利上昇だけではなく、一括返済を迫られるリスクもあるようですので、融資打診の際は正直に事実を伝えるべきだと思います。

銀行は、なぜ複数の法人を持っているか不思議に思うかもしれませんが、税金を考慮した合理的な判断の結果であることを伝えれば、納得してくれます。まだ法人を一つしか所有していなかったときでさえ、なぜ個人で購入せずに法人で購入するのかと理由を聞かれたことがあります。そのときは、「個人でさらに購入すると課税売上1000万円を超えてしまい、将来、免税事業者に戻せなくなるからです。」と回答し、納得していただきました。

法人設立のタイミング

法人を設立すると、設立時のコストだけではなく維持コストもかかってきます。法人設立後、最初の1年間が過ぎると、たとえ赤字であっても一定額の税金（法人住民税の均等割り）を納付しなければなりません。税理士へ依頼すると税理士費用もかかります。そのため、いつ法人を設立すべきか悩んでいる人もいらっしゃるかもしれません。

これについては、法人で太陽光発電所を購入するつもりがあるなら、すぐに設立してしまってもよいと思います。法人の設立にはある程度の時間がかかります。すぐに法務局に行けるわけではないでしょうし、申請後、登記が反映されるまでタイムラグがあります。また、法人の印鑑も注文しなければなりませんし、売電収入の振込先となる銀行口座も作りに行かなければなりません。

消費税還付を受けるのであれば、課税事業者の選択届を提出しておく必要もあります。いざ必要になったときに、準備できていなかったことが理由で好条件の案件を逃してしまったとしたら、もったいないことです。

なお、私の例ですが、法人を作ってから1年間、残念ながら太陽光発電所の購入には至

第6章

らず、何も活動実績がない状態だったことがあるのですが、当時、法人住民税の均等割り（7万円）の免除願いを提出することで、税理士には手数料を支払ったものの、均等割りの支払いをゼロにすることができました。

ただ、自治体によって免除可能かどうかの判断が分かれるようなので、事前に税理士に免除可能か確認した上で設立するとよいと思います。

個人で発電所を購入するなら個人事業主になって青色申告をしよう

不動産投資では、事業的規模（5棟または10室以上）の基準を満たしている場合は税金面（所得税）でいくつかの優遇規定の適用があります。例えば、青色申告により所得金額から最高65万円の特別控除が可能となったり、青色事業専従者給与（事業専従者給与）が計上可能となったりします。

つまり、経費を大きく計上し、税金を少なくすることができます。例えば、配偶者が専業主婦（主夫）である場合、配偶者に給与を支払うことで（例えば税金がかからない年間103万円未満）、その給与を経費として計上することができます。

すると、特別控除65万円＋経費103万円＝168万円分を所得から差し引くことができるため、利益を少なくし、結果として税金も少なくすることができます。

　太陽光発電投資の場合も、売電収入が事業所得として認められれば、特別控除65万円の適用を受けることができます。どのくらいの規模から事業的規模として認められるかは一概にいえませんが、低圧の野立て太陽光発電所1基でも事業的規模と認められたケースもあるようです。

　このように、太陽光発電所を1基だけ所有している人でも、65万円の特別控除を適用できたり、青色事業専従者給与（事業専従者給与）を計上できたりする可能性がありますので、利用できないか税理士に相談してみましょう。

　私の場合は、発電所購入よりも前に、事業的規模の不動産を購入しており、その際に個人事業主として開業の届け出を行っていました。その後、個人所有の発電所から得られた売電収入は、事業所得に分類されています。

C・O・L・U・M・N

固定価格買取制度（FIT制度）の未来

２０１２年に開始した固定価格買取制度（FIT制度）ですが、これまでのところ順調に推移しています。毎年、売電単価が低下していくにつれてFIT制度自体が途中でなくなってしまう可能性も指摘されていましたが、２０１９年度の売電単価14円の段階まで制度が継続してきました。

このまま順調に価格を下げていくことができれば、FIT制度が終了した後でも、市場原理の中で、太陽光発電投資を継続していける可能性があります。つまり、FIT制度を卒業した後でも、サポートなしの市場競争の中で、太陽光発電所への投資を続けられる可能性があるのです。そうなれば、一つの投資分野として、太陽光発電投資は今後も有望な投資対象になりえます。

再生可能エネルギーの普及はますます促進されていくでしょう。将来どうなるかは誰にもわかりませんが、明るい未来が見えてきたのではないでしょうか。

おわりに

投資は行動力で9割が決まる

本書では、私が太陽光発電投資を行う上で過去に情報不足で苦労した体験から、一人でも多くの人が失敗を回避し、より正確な投資判断を行うことができるように、必要な知識をできる限り散りばめました。投資を始める前には確かな知識を持つことが大切です。本書をすべて読めば、投資を開始できる状態になっていると思います。

ただ、これから投資を開始する人は、まだスタート地点に立ったばかりです。ここから先、成否を左右するのは行動力です。この世界では、頭のよさなんて大して影響しません。確かな知識を準備した後、必要なのは行動力だけです。行動力で9割が決まるといっても過言ではないと思います。

太陽光発電投資での行動力とは、施工業者回り、金融機関訪問、土地から仕入れる場合は不動産業者回りなどです。これまで私は、施工業者を約40～50社、金融機関を約10行

（同じ金融機関の別支店も含めれば約20支店）、不動産業者を10数社は回ってきました。行動しないと好条件の発電所を購入できないからです。自分の行動力は正直まだまだ足りていません。自戒も込めて、皆さんにも行動することの大切さをお伝えしたいと思います。
最後に、本書を読んでくれた皆さんがよい太陽光発電所と巡り合えることを願っています。

なお、本書の出版のきっかけをつくっていただいた小山睦男様、そして、出版にあたり多大なるご協力をいただいた合同フォレスト株式会社の松本威様、山崎絵里子様には感謝してもしきれません。この場を借りて御礼申し上げます。
そして何よりも、家族の協力なしには、ここまで活動を継続してくることは難しかったことと思います。いつも発電所での作業や事務作業を手伝ってくれる両親、妻、そして娘には感謝の気持ちでいっぱいです。本当にいつもありがとう！

菅原　秀則

●著者プロフィール

菅原　秀則（すがわら　ひでのり）

コラムニスト（ペンネーム：サムライ大家）、太陽光発電アドバイザー、太陽光発電メンテナンス技士

慶應義塾大学理工学部卒業、同大学院理工学研究科修士課程修了。
都内で勤務しているサムライ業（士業）のサラリーマン。『金持ち父さんシリーズ』に感銘を受け、自分の代わりにお金に働いてもらうことのできる投資・事業収入を増やすべく、主に太陽光発電事業、不動産賃貸業に注力する。現在は東京電力管内で低圧の太陽光発電所９基を運営中。太陽光発電投資サイト「メガ発」、不動産投資サイト「楽待」でコラムを連載中。個人レベルでメガソーラーの規模まで太陽光発電所を増やすことを目標に、自力でフェンスを設置したり、ガソリンエンジン式の草刈機を使って草刈りしたり、防草シートを敷設したりと、日々奮闘中。「投資は行動力が９割を占める」をモットーに、確かな知識をもって行動し続けることを大切にしている。

●ブログ「投資は行動力が９割！」
http://toushi.space/

●メルマガ「太陽光発電投資の王道～個人レベルでメガソーラーを目指す～」
https://www.mag2.com/m/0001687964.html

書籍コーディネート　有限会社インプルーブ　小山睦男
組　版　GALLAP
装　幀　ごぼうデザイン事務所

知ってる人だけが得をする！　太陽光発電投資
決定版！　ローリスクの堅実投資術

2019年8月20日　第1刷発行
2023年8月30日　第3刷発行

著　者　菅原　秀則
発行者　松本　威
発　行　合同フォレスト株式会社
郵便番号 184-0001
東京都小金井市関野町 1-6-10
電話 042 (401) 2939　FAX 042 (401) 2931
振替 00170-4-324578
ホームページ　https://www.godo-forest.co.jp
発　売　合同出版株式会社
郵便番号 184-0001
東京都小金井市関野町 1-6-10
電話 042 (401) 2930　FAX 042 (401) 2931
印刷・製本　新灯印刷株式会社

ISBN 978-4-7726-6140-9　NDC 338　188×130

合同フォレスト
ホームページ

合同フォレストSNS

facebook

Instagram
X

YouTube